北京近现代文物建筑勘察及结构安全评估

张　涛　著

學苑出版社

图书在版编目（CIP）数据

北京近现代文物建筑勘察及结构安全评估 / 张涛著 . — 北京：学苑出版社，2021.8

ISBN 978-7-5077-6234-1

Ⅰ . ①北… Ⅱ . ①张… Ⅲ . ①古建筑—建筑测量—工程勘测—北京②古建筑—建筑结构—结构安全度—北京 Ⅳ . ① TU19

中国版本图书馆 CIP 数据核字（2021）第 158073 号

责任编辑： 周 鼎 魏 桦

出版发行： 学苑出版社

社　　址： 北京市丰台区南方庄 2 号院 1 号楼

邮政编码： 100079

网　　址： www.book001.com

电子信箱： xueyuanpress@163.com

联系电话： 010-67601101（营销部）、010-67603091（总编室）

经　　销： 全国新华书店

印 刷 厂： 河北赛文印刷有限公司

开本尺寸： 889 × 1194 1/16

印　　张： 14

字　　数： 194 千字

版　　次： 2021 年 11 月第 1 版

印　　次： 2021 年 11 月第 1 次印刷

定　　价： 600.00 元

目录

绪论　北京近现代建筑的发展与保护

一提起近现代建筑大家多数会想到那些洋味十足的西洋建筑，这些西方传入的建筑为北京的建筑大家庭增添了新的面貌和新的理念。也因为有了新的建筑形式，也改变了很多人的生活方式和习惯。不仅如此，很多珍贵的近现代建筑还成为了文物，甚至是全国重点文物保护单位。那么北京的近现代建筑是什么时候传入的？都涵盖哪些内容？他们又是怎么分类的？他们又是怎么和我国的传统建筑碰撞和融合的呢？

1. 北京近现代建筑的传入和发展

虽然名为近现代建筑，但是其传入时间却不是在近代，早在清早期就已经随着传教士们的漂洋过海来到中国而被带到了北京。清代康熙年间，西方传教士南怀仁、汤若望就在明朝末年利玛窦建造的北京南堂基础上建造了具有西方风格的教堂。

随后，清中期的乾隆年间西洋建筑进入了皇家园林，并开始成规模的在圆明园建造，而主要设计者就是著名的西方传教士、画家郎世宁。圆明园内的大水法、西洋楼等著名西洋风格的建筑都是出自郎世宁之手。乾隆年间还将这种西洋风格的建筑引入了皇家寺院，在北京海淀区长河岸边的万寿寺内，建造了三座西洋风格的门和两侧围墙。

清后期，以 1840 年第一次鸦片战争为标志，中国进入近代历史。如果说清早期和中期只是小范围小规模的建造，这一时期西洋风格的建筑开始大量涌入。这也是西洋风格的建筑之所以被命名为近现代建筑的重要原因。

一方面是传统的西方传教士开始大规模建造西洋风格的教堂，如北京的天主教四大堂（南堂、东堂、北堂和西堂）、基督教崇文门堂等著名教堂都是这一时期建造或者改造为西洋风格的高大建筑。另一方面则是外国的使领馆建筑、银行、商行、邮局等大多数采取了西洋风格的建筑。如北京著名的西交民巷使馆建筑群就主要是这一时期建造的西洋风格建筑物。甚至是一些清朝政府机构都开始采用西洋风格的建筑，如清政府的陆军部和海军部就是采用西方古典式的柱廊，装饰上则采用了巴洛克风格。

这一时期，比起刚刚传入和中期有了一个变化，就是设计师和工匠们开始尝试中西融合。如果说中期的圆明园是采取了一个区域完全是西洋建筑，被分割开来独立存在，而这一时期开始区域上的混搭，以及单体建筑上的中西融合。如英国使馆保留了肃王府的部分建筑，穿插其中建造西洋建筑。上面提到的陆军部海军部虽然装饰风格是巴洛克，但是装饰的花卉和雕刻技艺则大量融合了中国传统要素和题材。基督教中华圣经会和基督教中华圣公会教堂两组建筑都是清光绪年间采用了中式外观和西式结构的中西合璧式建筑的代表性实例。

进入民国以后，一方面是中西交流进一步广泛和深入。另一方面是大量留学西方的各界人士，尤其是建筑师回到国内，开始建造和设计西方风格的建筑。因此西洋建筑进一步风行，同时也进一步与中国建筑的深入融合。这一时期出现更多的一个现象是西方传教士和商人兴办的医院、学校大量采用了西洋建筑风格。如北京协和医学院、燕京大学（未名湖燕园建筑）、辅仁大学、通州潞河中学等都是这一时期建造的具有西洋风格的著名中西合璧建筑。另一个是西洋风格被更多的政府机构办公楼、金融商业和店铺所采纳。如聚集在西交民巷的银行建筑几乎全部采用西方建筑结构和风格，现存的大陆银行、保商银行、中央银行、中国农工银行都是采用了西洋建筑风格，就连大栅栏内的很多传统老字号，如瑞蚨祥、谦祥益、祥义号等门面的铺面也改为西洋建筑形式。进一步融合表现的第三个表现是很多住宅也采用或者融入了西方建筑形式。从高级官员、富商到中产阶级都有住宅使用。表现最为突出的还要数北京四合院的西洋式大门了，从内城到外城出现了大量四合院采用西洋建筑形式和元素的，因为较为普遍甚至形成了一种四合院大门建筑类型——西洋式大门。

伴随着西洋古典形式在京华大地的流行和与中国传统建筑的碰撞与融合。一种后来称为现代主义风的建筑风格也悄然出现。1919 年 4 月 1 日由德国建筑大师格罗皮乌斯创建的包豪斯学校成立，格罗皮乌斯和后来的校长也是建筑大师密斯·凡德罗等脱离开了西方古典主义建筑风格，创造出了一种新的“形式追随功能”“立面简约”的现代主义风建筑。而且随着包豪斯学校被希特勒纳粹政府强迫解散，格罗皮乌斯、密斯·凡德罗、勒·柯布西耶、赖特、阿尔瓦阿图等五位大师，以及包豪斯培养出来的众多建筑精英们分别在哈佛大学建筑学院、牛津大学建筑学院、宾夕法尼亚大学建筑学院等世界著名高校任教和在世界范围内开始了大量实践活动的情况下，现代主义风建筑得到了全世界范围的认可，成为现代城市建筑的主流，从而成为世界主义风建筑，也就是我们现代城市所见到的这些高楼大厦的样貌。留学宾夕法尼亚大学的建筑大师梁思成同其夫人林徽因于 1933 年设计了北京大学地址学馆和北京大学女生宿舍都是体现现代主义风理念和风格的代表作。这种现代主义风的建筑在这一时期虽然不多，还是以西洋古典和中国传统相结合占主导地位，却也是一种新形式的出现，成为了近代建筑的新成员。当然，从另一个角度讲，现代主义风建筑也是中国从近代建筑向着现代建筑迈进的一个标志。

2. 近现代建筑的内容和分类

从上面的近现代建筑发展历程我们可以较为清晰的看出，近现代建筑从形式角度来看，是包含了从清代早期到民国时期融合了西洋风格甚至是现代主义风的建筑物。这种形式既是那些完全按照西方古典主义风格建造的西洋建筑，也可以是融合中西风格为一体中西合璧的建筑群，亦或者是融合了西方建筑元素的某栋建筑，以及民国时期按照现代主义风建造的建筑物。

而从时间角度来看，由于中国历史从 1840 年第一次鸦片战争开始就进入了近代历史到 1949 年进入现代历史。因此在这个时间段建造的建筑也可以看做是近现代建筑。但是需要说明的是，我们从建筑的角度，一般不是这样分类。即使在这个阶段建造，但完全按照传统形式、工艺和材料建造的建筑一般还是定义为古建筑。

近现代建筑如果按照形式分类大体上可以分为四大类。西洋古典建筑形式，也就是完全按照西方古典建筑风格营造。如北京的南堂、东堂、北堂都是这样的代表。西洋折衷（折中）主义建筑形式，也就是两种或者两种以上西方古典主义相结合的一种建筑风格。如民国时期的北京国会旧址就是这种风格的建筑。中西合璧式建筑形式，也就是融合了中国建筑风格的。这里面又可以分为以中国传统建筑为外形，以西方建筑为结构的形式，也通常成为大屋顶形式。如前面提到的协和医院、辅仁大学、燕京大学、基督教中华圣公会和基督教中华圣公会教堂，还有北京图书馆等建筑都属于这一类型。另一种就是以中国传统建筑为结构形式，以西洋古典建筑为装饰元素的建筑形式。这种建筑形式在很多四合院大门中比较常见。最后，近现代建筑还有一种就是民国时期建造的现代主义风的建筑形式。

3. 近现代建筑与传统建筑的碰撞与融合

从上面的历史发展情况和分类情况，我们可以看出，西方建筑的传入是从最初的少量建造、发展壮大到融合几个阶段的。这也反映了西方建筑与中国传统建筑碰撞与融合的过程。

在清初西方建筑进入中国以后，最高层统治者和一般民众是不认可西方建筑形式的教堂建造在城里的，因此最初的教堂都是中国传统形式的建筑，规模也比较小。而乾隆时期开始建造西洋式建筑也只是在皇家园林内，当做一种观赏物，而不是实用和居住的建筑物，是当做景观建造。

1840 年后，由于国门进一步打开，大量外国使领馆和相继而来的工商业涌入，居住、办公、经营等实用功能的西洋建筑的大量涌现。从最高层到民众开始接受西方古典建筑形式。一部分人因为西方的坚船利炮和发达的工商业甚至开始崇拜西方建筑形式，随即出现了一部分中国的政府机构、工商业场所和学校模仿西方建筑的建造。但中国传统形式仍然是主流。

进入 19 世纪末 20 世纪初，随着列强在华势力的不断扩张和中国本土洋务运动的深入开展，西洋建筑进一步成为了一种风尚。进入民国以后，这种影响延伸到了中产阶层。

而与此同时，中国一些有识之士开始思考中国本土建筑的发展与未来，开始致力于中国建筑与西洋建筑的融合。以梁思成、刘敦桢、杨廷宝、童寯（建筑四杰）为代表的一批建筑师要么从事中国传统建筑的研究，要么在从事的建筑设计中将中国和西方的建筑有机的融为一体，用各种方式致力于中国建筑的发展。梁思成、刘敦桢还加入了由朱启钤先生组建的营造学社和清华大学调查和探寻中国建筑的营造技艺，并开办建筑系培育建筑人才。他们的努力有力地唤醒了更多国人的民族自觉意识。同时，也推动了中国建筑和西方建筑的交融与发展。

也有一些西方的建筑师，如墨菲、格林森等也开始注意到要想打动中国人民，要想让西方建筑更能在中国大地上更好的发展，与中国建筑的融合是必不可少的。因此他们在自己的建筑设计中也开始将中国建筑与西方建筑相融合，创造出了燕京大学建筑群、辅仁大学、协和医学院等一批著名的“中国传统复兴式建筑”。

4. 北京近现代建筑的保护修缮

近现代建筑作为一种特殊的建筑遗产，是近代社会发展的有力见证物。因此，要使用正确的方式好好保护。作为文物保护的手段是多种多样的，而对于近现代建筑则是要根据其不同建筑的特性采取不同的方式进行保护。从上文我们可以看出，近现代建筑是有不同建筑风格和不同建筑材料的。因此，保护近现代建筑的第一步是分清不同历史时期和不同建筑风格、建筑材质从而有针对性的采取相应适合保护理念是最为重要的。其次，是根据适合的保护理念采取相应的技术手段。由于近现代建筑既有与中国古代建筑相同和相似的结构构件，如木柱子、彩画、斗拱等，也有与中国建筑不同的西方建筑构件和装饰物，因此近现代建筑的保护修缮的难度更大，需要的流程和步骤也更加复杂。引入一些新的保护手段是必不可少的，如化学保护方式、碳纤维加固方式等。本书后面的内容就是用实例来阐释近现代建筑预防性保护的理念和技术手段。并希望用这种方式与广大同仁们进行沟通和交流，也做一个抛砖引玉之述。

第一章　近现代文物建筑结构检测评估方法

1. 概述

1.1 近现代文物建筑简况

近现代文物建筑是指1840年以后建造的具有历史、科学、艺术价值，并已公布为全国重点文物保护单位、省级文物保护单位、市县级文物保护单位及登记为不可移动文物的非传统古建筑体系的建筑物和构筑物。

如果近现代文物建筑结构外观出现了较多缺陷及损伤，墙体多处出现明显开裂，屋面渗漏严重等情况，有必要尽快对结构损伤程度及成因进行检测评估，评估结构的安全性，掌握各结构的客观状况，消除安全隐患，以保障结构及使用的安全。

1.2 检测评估工作流程

结构检测评估一般工作流程如下图所示：

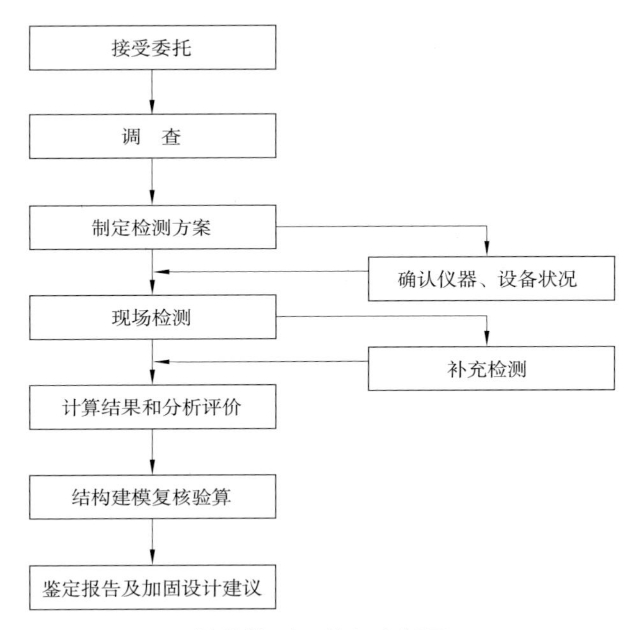

结构检测工作程序框图

1.3 病害初步勘察

对近现代文物建筑的形制、材质、做法、构造、环境、设施和功能、保存状态以及表面的损伤、病害、破坏、危害、变形等进行现场调查。

2. 检测目的

通过对主体建筑结构客观状态的现场调查及检测，包括材料性能、荷载情况、结构存在缺陷等项，依据所得调查结果及检测数据，进行复核验算，评估在现有使用条件下，整体结构的安全状况；并提出合理可行的维护建议。

3. 主要检测项目及评估依据

3.1 检测评估项目

（1）建筑图测绘；

（2）结构体系检查；

（3）构件外观质量检查；

（4）构件变形检测；

（5）构件材料强度检测；

（6）地基基础勘察；

（7）脉动法测量结构振动性能；

（8）雷达探测结构内部构造；

（9）红外热成像仪检测；

（10）结构安全性评估；

（11）根据检测评估结果，提出工程处理建议。

3.2 检测评估依据的主要现行标准

（1）《建筑结构检测技术标准》（GB/T 50344-2019）；

（2）《砌体工程现场检测技术标准》（GB/T 50315-2011）；

（3）《近现代历史建筑结构安全性评估导则》（WW/T 0048-2014）；

（4）《回弹法检测混凝土抗压强度技术规程》（JGJ/T 23-2011）；

（5）《房屋结构综合安全性鉴定标准》（DB 11/637-2015）；

（6）《建筑抗震鉴定标准》（GB 50023-2009）；

（7）《古建筑防工业振动技术规范》（GB/T 50452-2008）；

（8）《古建筑木结构维护与加固技术标准》（GB 50165-2020）；

（9）《民用建筑可靠性鉴定标准》（GB 50292-2015）等。

4. 检测评估内容

4.1 现场初步调查

现场对结构体系、结构平面布置、结构立面布置、承重构件布置、屋盖型式等情况进行检查测量。

4.2 现场检测

（1）建筑图测绘

建筑信息缺失不全，未发现存在建筑图纸等相关资料的，需要进行建筑图纸测绘，如各层平面图、立面图、剖面图等。

①平面图测绘

应按照勘察对象的自然层划分，按从地下至屋面的顺序绘制。勘察对象周边紧邻其它建筑，应将相邻部分局部平面绘出，并注明相对关系。文物建筑内存在夹层或局部楼层，应标明其所在位置，并单独绘制平面图。平面图应反映勘察对象的保存状况、平面法式及形制特征。应注明柱、墙等竖向承载结构和围护结构的布置及定位尺寸。

②立面图测绘

应准确反映勘察对象的立面现状，体现立面法式及形制特征；勘察对象立面被遮挡，应绘制遮挡建筑或遮挡物的轮廓，注明其名称和使用功能，并绘制去除遮挡物后的立面示意图。立面图应标注两端轴线和轴号，并标注室外现状地坪、勘察基准点、台阶、台基、楼板、檐口、屋脊等处标高和必要的竖向尺寸。

③剖面图测绘

应反映勘察对象的内外空间形态、关系、构造特征、层高、层数。剖面两端应标出相应轴线和编号。并应分别标明室内外地面、台基、外窗下口、檐口、屋脊的标高，多层建筑应分层标注标高，标高应与现状勘察立面图保持一致。应标注空间及结构构件连接关系及断面尺寸，标示构造作法。

（2）外观质量检查

全面检查建筑物的外观损伤，包括裂缝、变形、破损、渗漏水等问题；检查地基基础是否有可见的变形和异常现象。对裂缝等缺陷进行详细记录，包括构件裂缝宽度、长度、走向等。

（3）结构变形检测

采用全站仪及自动扫平仪测量结构各部位的水平或垂直度，以及构件的倾斜、变位和构件挠度；采用全站仪检测房屋整体倾斜情况。

（4）结构布置检测

结构布置检测主要包括以下 3 个方面：轴线尺寸、构件截面尺寸及楼层层高。

①轴线尺寸

检测方法：采用激光测距仪、钢卷尺对轴线尺寸进行测量。

检测仪器：激光测距仪、钢卷尺等。

②构件截面尺寸

检测方法：采用钢卷尺和楼板测厚仪对构件截面尺寸进行测量。

检测仪器：钢卷尺、楼板测厚仪等。

③楼层层高

检测方法：采用激光测距仪、钢卷尺对楼层层高进行测量。

检测仪器：激光测距仪、钢卷尺等。

（5）构件材料强度检测

①采用回弹法检测混凝土、粘土烧结砖和砌筑灰浆的强度。

②采用贯入法检测砌筑灰浆的强度。

③必要时采用钻孔取芯法检测混凝土强度，探查材料或结构内部情况。

④采用木构件树种鉴定的方法对确定主要木构件树种及材料力学性能范围。

（6）地基基础勘察

现场首先需要检查地基基础的承载状况，上部结构的变形情况和既有的沉降观测结果，对地基是否存在不均匀沉降等做出评价。

如果地基基础存在不均匀沉降等缺陷时，一般情况下，可通过小范围局部开挖，确定基础的构造方式、材料性能、几何参数及外观质量；如果现场条件适宜时，且经上级有关部门批准后，可进行岩土工程勘察。

（7）脉动法测量结构振动性能

①测试原理

采用脉动法对结构进行动力特性现场测试，得到结构的固有频率、阻尼比等参数。

地脉动是一种很小的振动信号，来源于地壳内部微小振动、地面车辆振动以及风引起的振动等。可通过高精度的传感器和数采系统测量结构对地脉动信号的响应。脉动法的本质是一个宽频带的激振源对结构进行激振，当某个频率与结构的固有频率接近时，会引发结构的共振，即通过结构这一系统对激振源中与结构固有频率接近的频率进行放大处理，从而得到结构的自振频率。

结构固有频率是结构动力性能的基本参数，结构的固有频率与质量和刚度有关，建筑平面体型、墙体布置、柱高度、结构内部损伤等因素都会影响结构的刚度。实测得到结构固有频率后，可以与规范计算结果或类似形制的文物建筑的测量结果进行比对分析，来判断结构的整体性是否存在明显异常，同时也可以预防结构的共振危害。

②测试分析主要依据

振动测试分析主要依据以下技术标准进行：

《古建筑防工业振动技术规范》（GB/T50452-2008）；

《住宅建筑室内振动限值及其测量方法标准》（GB/T50355-2005）；

《城市区域环境振动测量方法》（GB 10071-88）；

《城市区域环境振动标准》（GB 10070-88）

《城市区域环境噪声测量方法》（GB/T 14623-93）；

《城市区域环境噪声标准》（GB 3096-93）等。

③测试内容

测试文物建筑重要控制点的振动响应，评价现况下路面公交车流和地铁运行对建筑的振动影响；

对结构的固有频率等动力特性参数进行现场测试。

④测试仪器

非金属超声检测仪；

超低频测振仪；

拾振器；

笔记本计算机等。

（8）雷达探测结构内部构造

①探测目的

为探明地基基础存在的空洞、裂缝隐患，分析内部结构情况，同时又不对建筑物本身产生破坏作用，检测可采用探地雷达对结构地基基础、墙体进行勘查。

②探地雷达介绍

探地雷达是以不同介质间电性差异为基础的一种物探方法，是利用高频脉冲电磁波在媒质电磁特性不连续处产生的反射和散射来确定目标体内部物质分布规律的一种地球物理方法。探地雷达方法具有无损、高精度、高分辨率、探测成果彩色直观、现场检测快速、便捷等优点。探地雷达是一种利用地下介质对电磁波电磁响应来确定地下介质分布特征的地球物理技术。

各类岩石、土的电磁学性质已经有了很多的研究和测定。在使用探地雷达对文物建筑进行检测时，可以根据文物建筑不同结构层的电性差异和介质的介电性的变化，来确定文物建筑的内部结构组成及对文物建筑内部进行无损检测，以探明潜在的隐患，进而采取相应的保护措施。

③使用仪器

地质雷达及满足检测要求的天线阵。

（9）红外探测仪检测

①检测目的

主要用于检测石材表面开裂和空鼓部位。

②测试原理

红外热成像仪利用红外辐射原理，通过检测目标物体表面的红外辐射能，将被测物体表面的温度分布转换为形象直观的热像图像，具有非接触远程大面积检测、无损伤、响应速度快、检测精度高等优点。此种方法常用于检测屋面渗漏、墙面空鼓开裂等缺陷。

红外热像技术应用广泛，除医疗、农业领域外，还应用于材料和构件的红外热像无损检测与评价、电力和石化设备状态的红外热像诊断、构（建）筑物的红外热像检测与节能评价、自动测试、灾害防治、地表/海洋热分布研究等方面。目前在建筑工程中红外热像检测主要应用于以下几个方面：

墙壁饰面层及面砖的脱粘；建筑物的渗漏检测；建筑物的节能检测（包括保温、隔热效果检测）；电器系统工作状态的评定；受灾混凝土质量检测等方面。

③测试方法

检测前先选好合适的天气情况（可以选择不同的天气进行对比）、检测位置，并在检测对象上划分测区并编号，便于检测和分析。调正角度和拍摄距离后，在各个测区内拍摄图像清晰的热成像照片，同时拍摄一般照片作为后期分析时对比资料。根据实际情况及时调整拍摄数量、角度等。

通过红外热像仪测温并辅以常规检查手段，分析识别屋面渗漏等损伤情况。

④使用仪器

红外热像仪。

4.3 鉴定项目

（1）根据现场检测结果，依据《近现代历史建筑结构安全性评估导则》（WW/T 0048-2014）等相关技术标准对该结构进行安全性评估。

（2）根据检测结果及评估结论提出相应工程处理建议。

4.4 现场检测注意事项

（1）现场检测的原始记录采用专用记录纸，数据准确、字迹清晰、信息完整，不得追记、涂改，如有笔误，应进行杠改。当采用自动记录纸时，应符合有关要求。原始记录必须由检测人员及记录人员签字。

（2）现场取样的试件或试样予以标识并妥善保存。

（3）当发现检测数据数量不足或检测数据出现异常时，进行补充检测。

（4）检测数据计算分析工作完成后，及时提交报告。

4.5 检测抽样主要原则及数量

根据《建筑结构检测技术标准》GB/T50344 及其他相应标准确定抽样数量。

4.6 现场检测仪器

根据上述检测项目要求及主体结构基本情况，需应用以下检测仪器、设备及工具：

（1）激光测距仪；

（2）全站仪；

（3）水准仪；

（4）自动扫平仪；

（5）红外热成像仪；

（6）内窥镜；

（7）探底雷达；

（8）超低频测振仪；

（9）超声波探伤仪；

（10）钻芯机；

（11）裂缝观测仪；

（12）游标卡尺（0.02 毫米）；

（13）指南针；

（14）其它检测仪器。

以上所有检测仪器设备应具有产品合格证、计量检定机构的有效检定证书或自校证书，并且确保检测中使用的所有仪器设备在检定或校准周期内，并处于正常状态。仪器设备的精度应满足检测项目的要求。

5. 成果表达

检测评估工作完成后，出具评估报告，评估报告应客观规范，数据准确，结论清晰，对结构安全性做出科学判断。

该报告主要包括以下技术内容：

（1）反映结构现状，包括结构缺陷情况。

（2）提出评估结论，判断其整体的安全状况，并提出维护建议。

评估报告应当保证下述质量：

（1）评估报告结论准确。

（2）评估报告信息完备、来源可靠，引用正确。

（3）评估过程清晰完整。

（4）报告依据的规范、标准合适有效。

第二章　二七机车厂第 88 号房结构安全检测

1. 建筑概况

二七机车厂近现代文物建筑，位于丰台区长辛店杨公庄 1 号二七机车厂内。始建于 1897 年，前身是清朝邮传部“卢保铁路卢沟桥厂”，后迁到长辛店，1948 年 12 月改称“铁道部长辛店铁道工厂”，此后六易厂名，1966 年 9 月改称“北京二七机车车辆工厂”，至今已有整整 120 年的历史。该厂成立之初的主要任务是为京汉铁路修理和装配火车头和客货车辆。该厂的机车厂房由法国人投资建造。1923 年 2 月 7 日，在这里发生了震惊中外的二七大罢工。现存部分厂房及办公建筑。厂房建筑为典型近代厂房建筑形式。2013 年 3 月被国务院公布为第七批全国重点文物保护单位。2018 年 1 月，入选第一批中国工业遗产保护名录。

清末卢汉铁路建设，带动了长辛店一带的经济发展，大量铁路工人及家属、商贩迁居于此，历经百年，形成了今天的格局。至今长辛店的胡同还保留着几十年前的样貌。该厂成立之初的主要任务是为京汉铁路修理和装配火车头和客货车辆。在二七机车厂内，既有白窗灰瓦、充满 20 世纪 50 年代工业建筑风格的砖房，也有颇具异域风格的比利时建筑，还有红墙绿窗相依而立的清末小洋楼。二七机车厂曾经有过恢弘壮丽的过去，是工人阶级运动的发源地之一，是新民主主义革命的历史见证者，在工业遗迹的背后更有人文色彩。

第 88 号房，又称 N28 房、比利时小楼，为砖木结构，地上一层，建于 1916 年。建筑平面近似为“凹形”，总长度为 23.7 米，总宽度为 13.4 米，建筑面积约 260 平方米。檐高分别为 3.68 米、4.6 米，总高为 7.93 米。该房屋主要由砖墙承重，砖墙采用红砖、青砖和石灰砂浆砌筑。屋面为硬山搁檩，机瓦屋面。

第 88 号房西南侧立面外观现状照片

第 88 号房南立面外观现状照片

第 88 号房西北立面外观现状照片

第 88 号房东南侧立面外观现状照片

2. 建筑图测绘

建筑测绘图见下图。

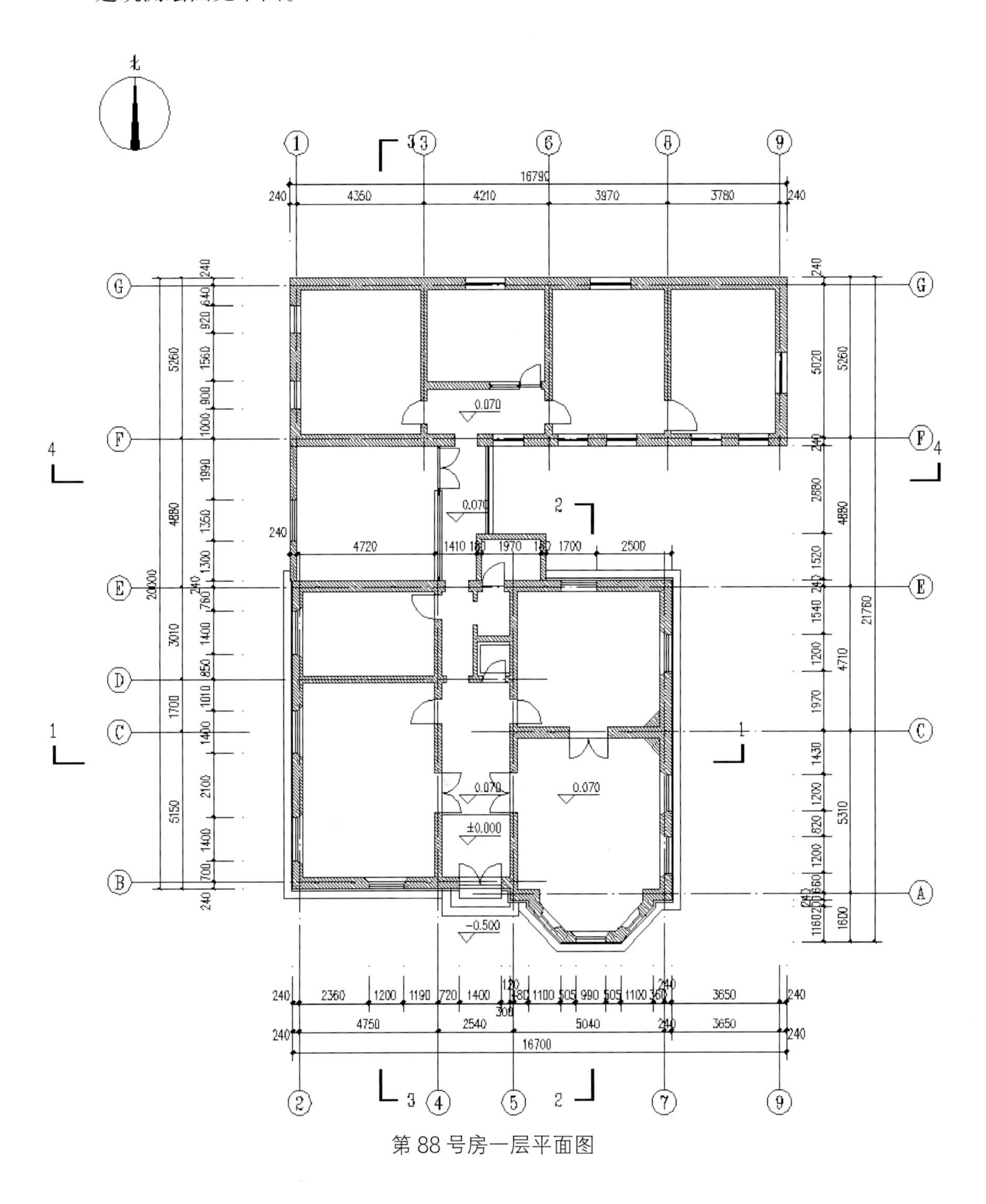

第88号房一层平面图

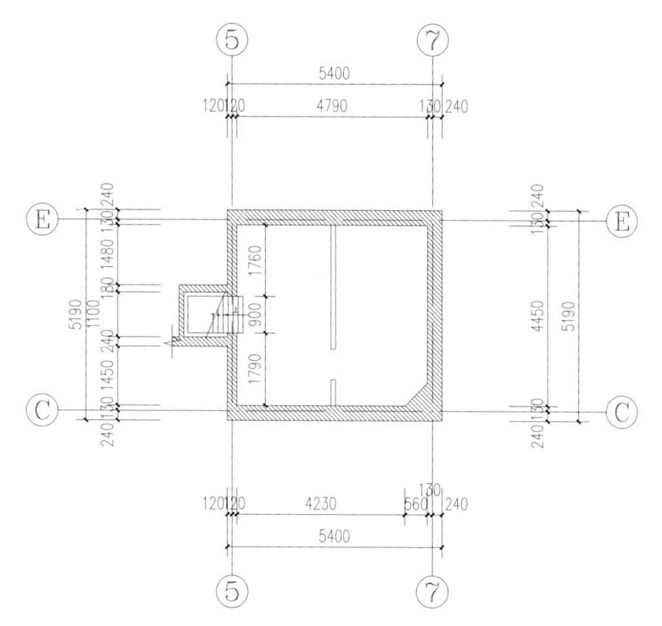

第88号房地下一层平面图

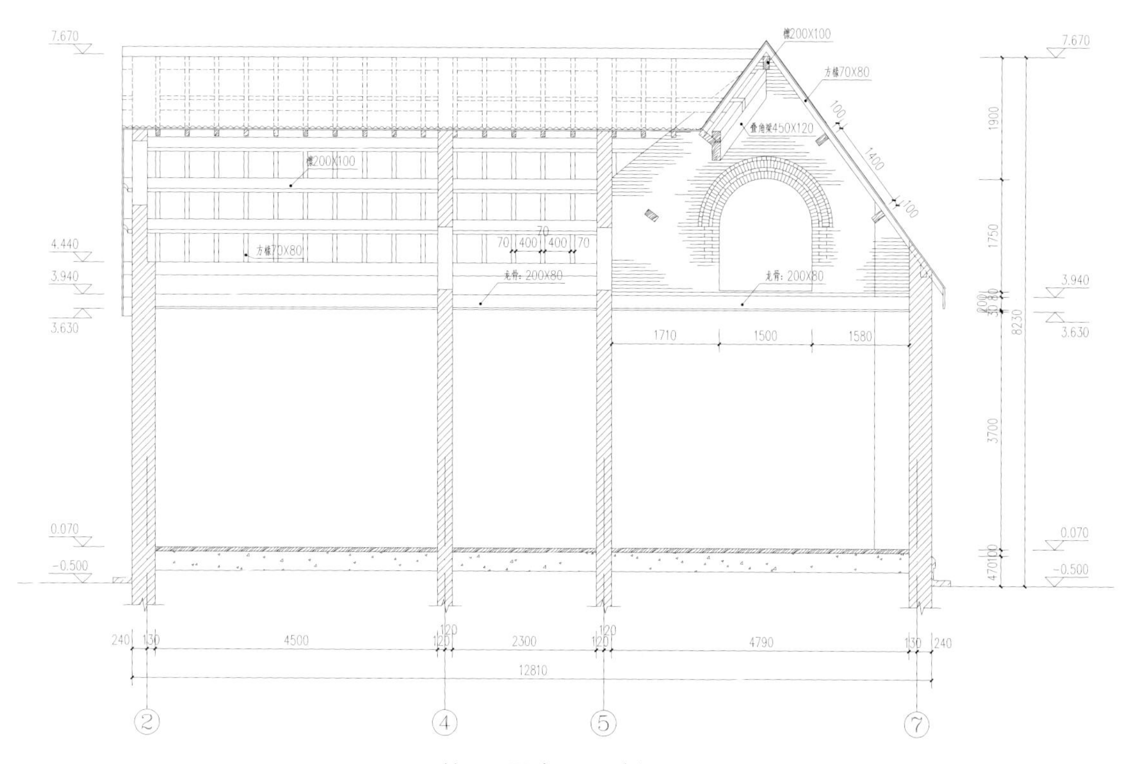

第88号房1-1剖面图

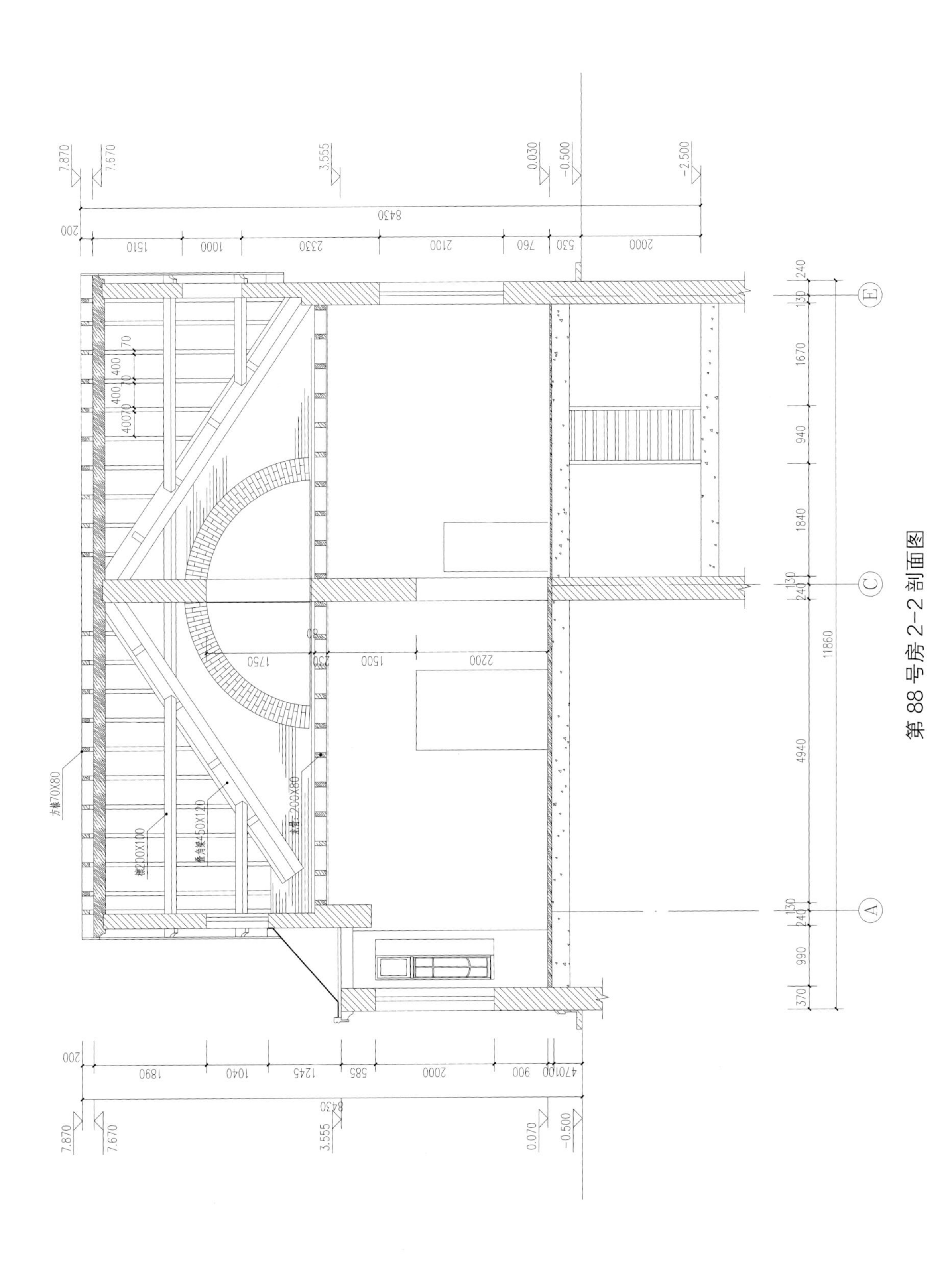

第 88 号房 2-2 剖面图

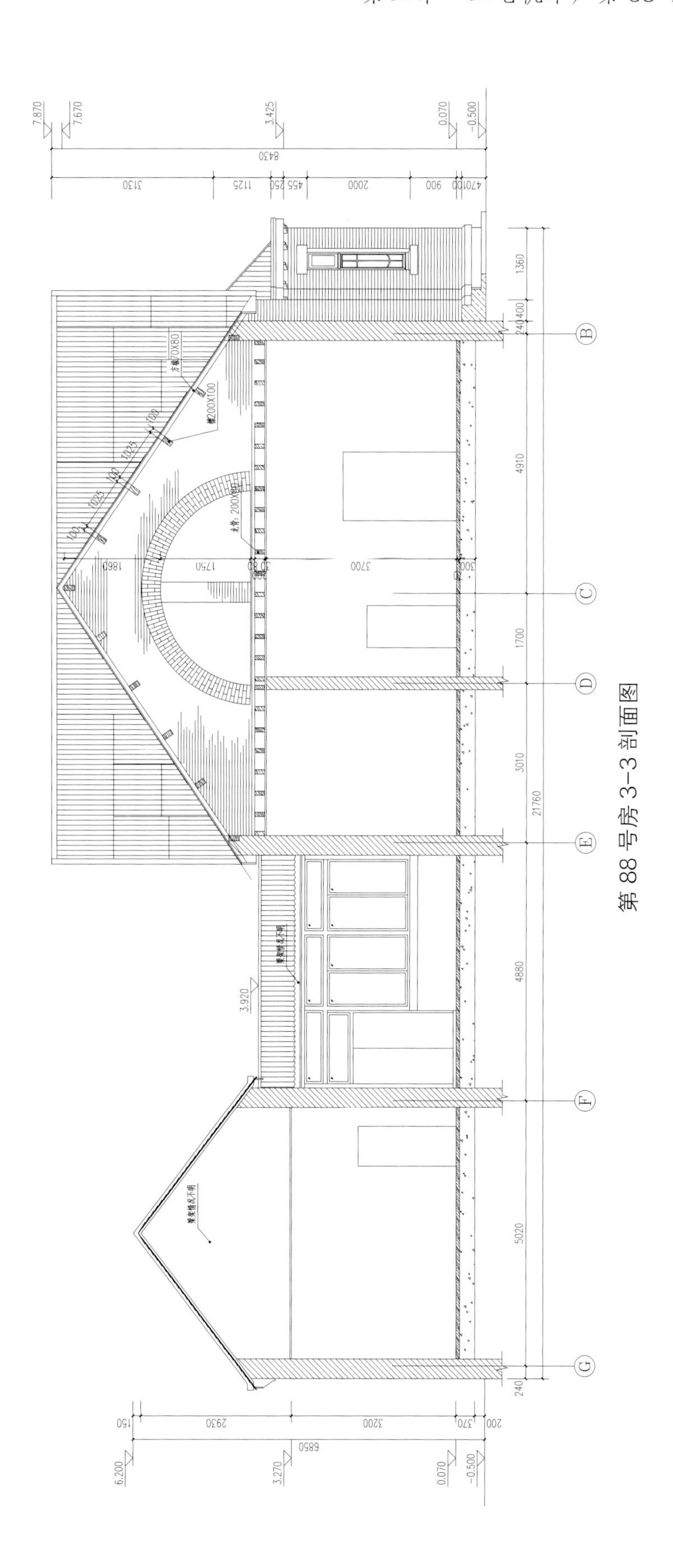
7.870
7.670
3.425
0.070
-0.500
8430
3130
1125
2000
900
1360
4910
1700
3010
21760
4880
5020
240
B
C
D
E
F
G
3.920
6850
2930
3200
6.200
3.270

第 88 号房 3-3 剖面图

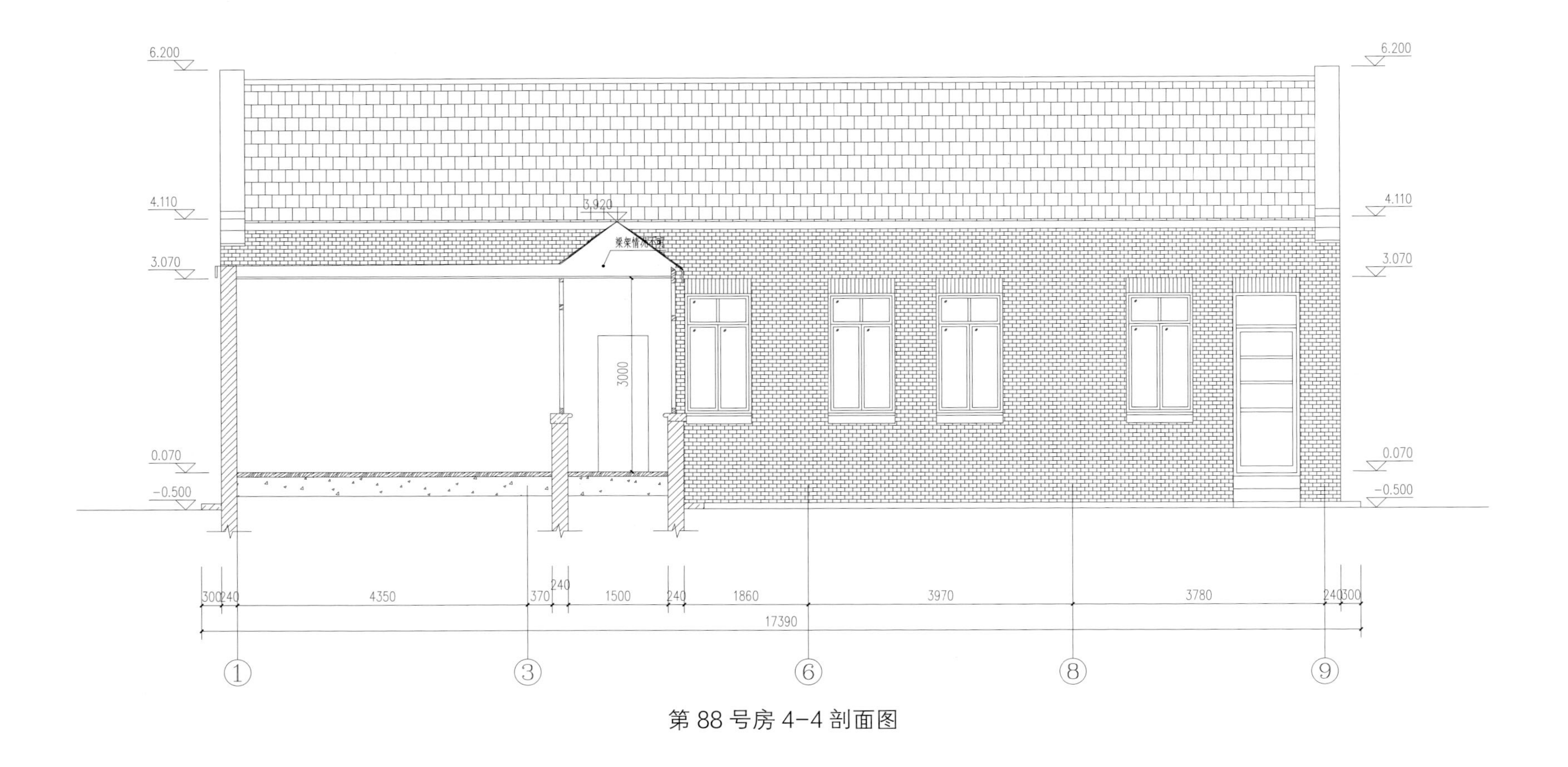
6.200
4.110
3.070
0.070
-0.500
3.920
3000
300
240
4350
370
240
1500
240
1860
3970
3780
240
300
17390
1
3
6
8
9

第88号房4-4剖面图

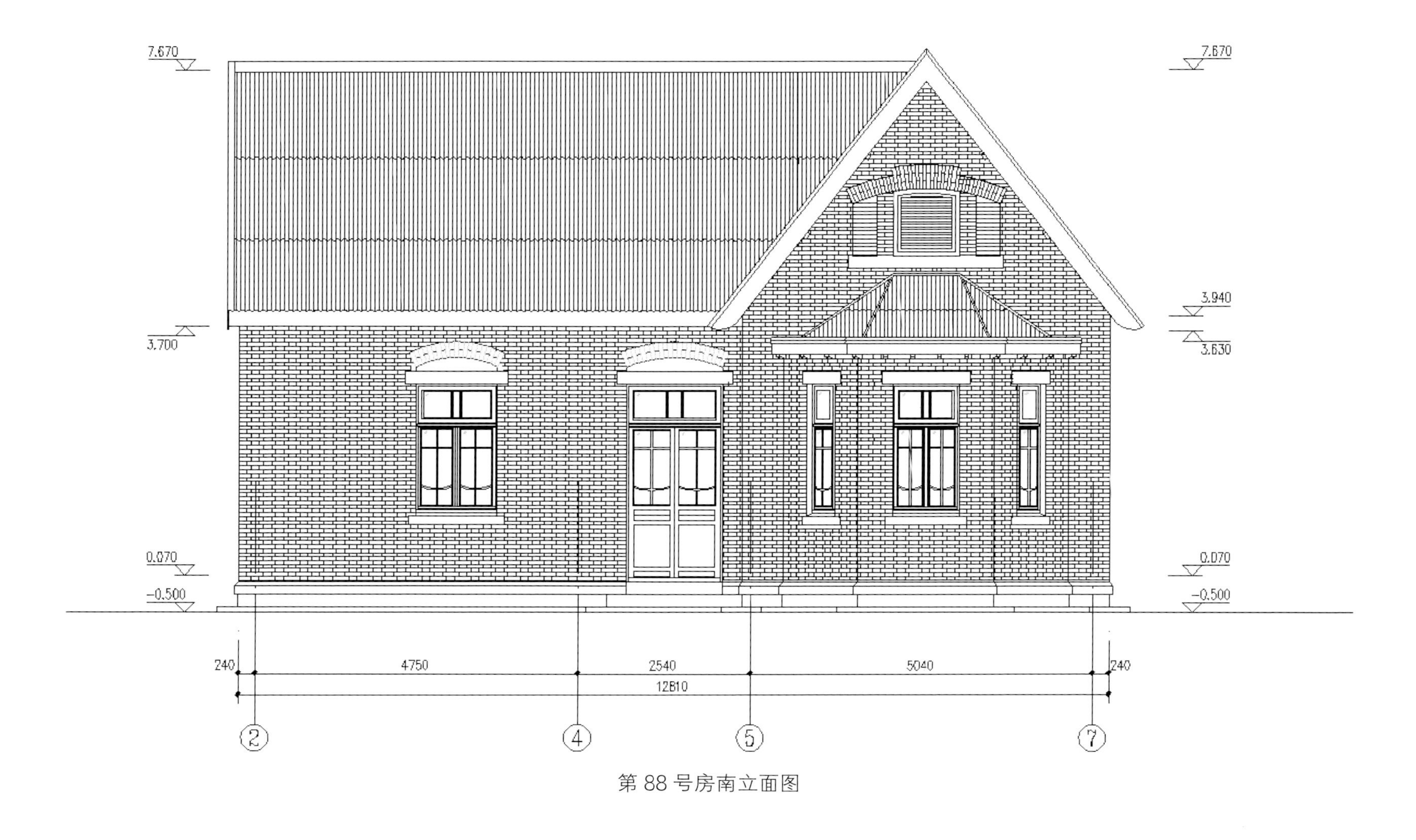
7.670
7.670
3.940
3.700
3.630
0.070
0.070
-0.500
-0.500
240
4750
2540
5040
240
12810
2
4
5
7
第 88 号房南立面图

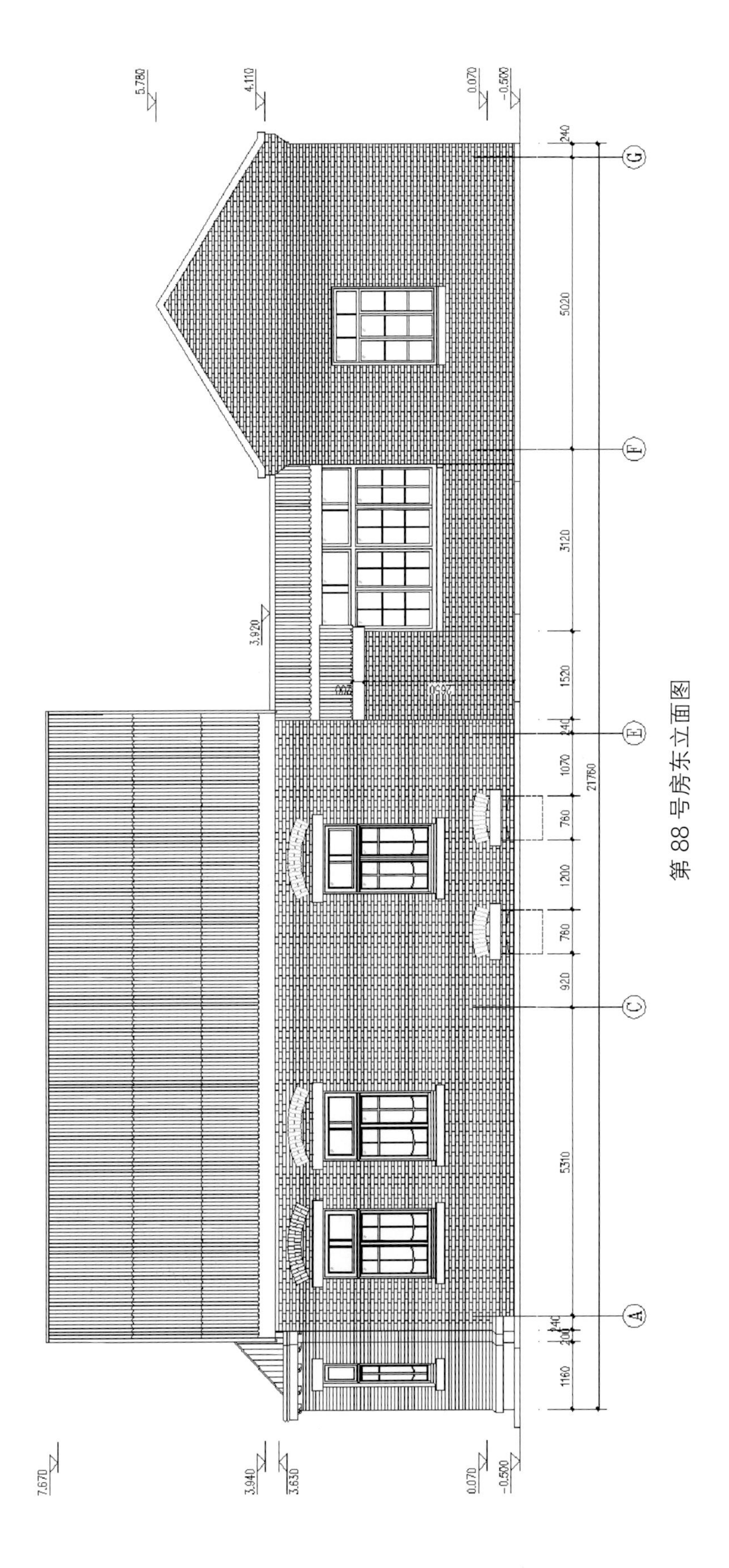
5.780
4.110
0.070
-0.500
3.920
7.670
3.940
3.630
0.070
-0.500
240
5020
3120
1520
240
1070
760
1200
760
920
5310
240
200
1160
21760
G
F
E
C
A

第88号房东立面图

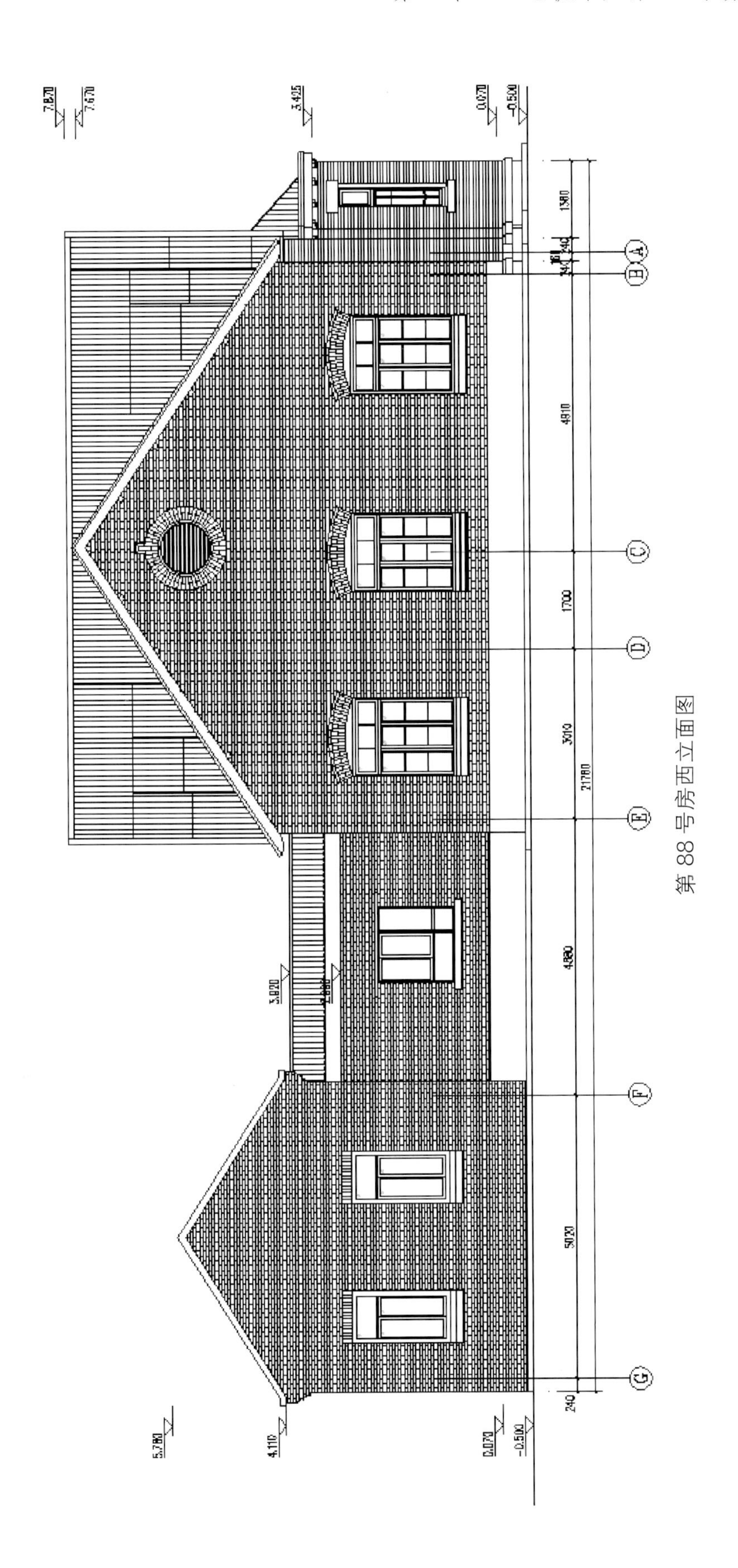

第 88 号房西立面图

3. 地基基础雷达探查

采用地质雷达对结构地基基础进行探查。雷达天线频率为 300 兆赫，雷达扫描路线示意图和详细测试结果见下图。

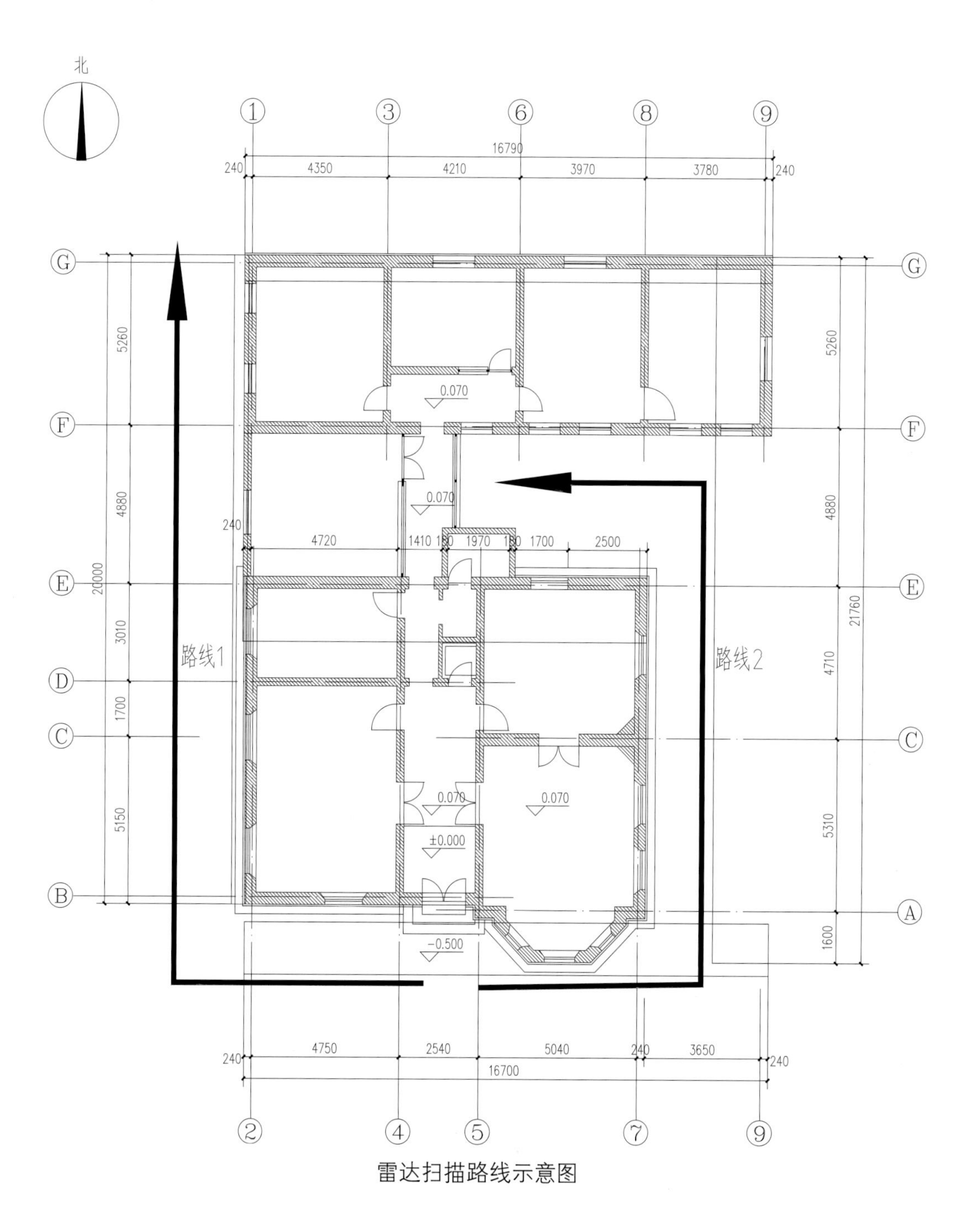

雷达扫描路线示意图

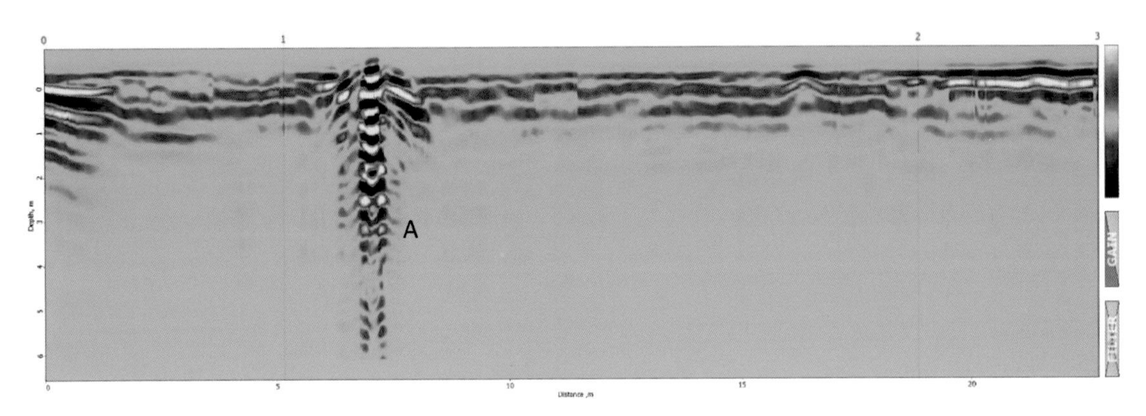

路线 1 雷达扫描测试图

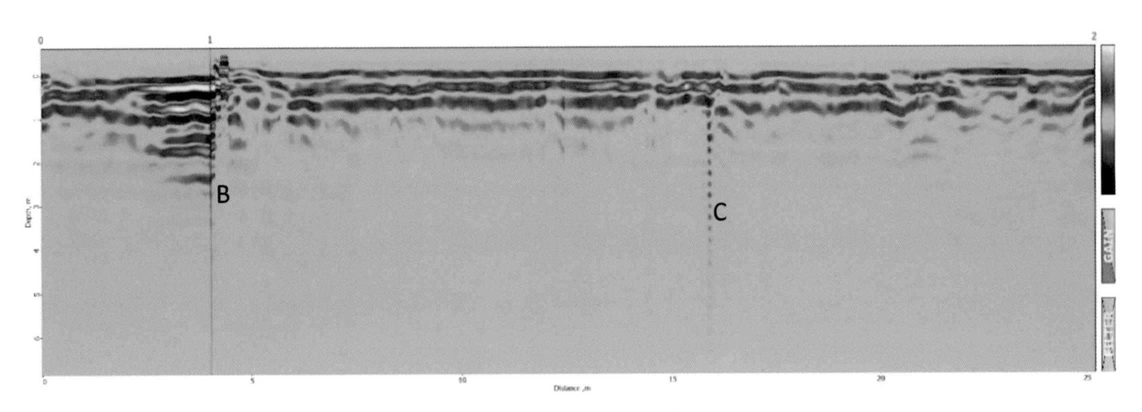

路线 2 雷达扫描测试图

由上图可见，路线中 A、B、C 等处存在金属管道，导致信号出现明显反应；室外地面其他下方均未发现存在明显空洞等缺陷。

由于地面无法开挖与雷达图像进行比对，解释结果仅作为参考。

4. 振动测试

现场使用 INV9580A 型超低频测振仪、Dasp-V11 数据采集分析软件对结构进行振动测试，测振仪放置在 5-7-A 轴墙体顶部，主要测试结果如下表所示；同时测得结构水平最大响应为 0.04 毫米 / 秒。

结构振动测试结果

方向	峰值频率（赫兹）
水平向	8.5

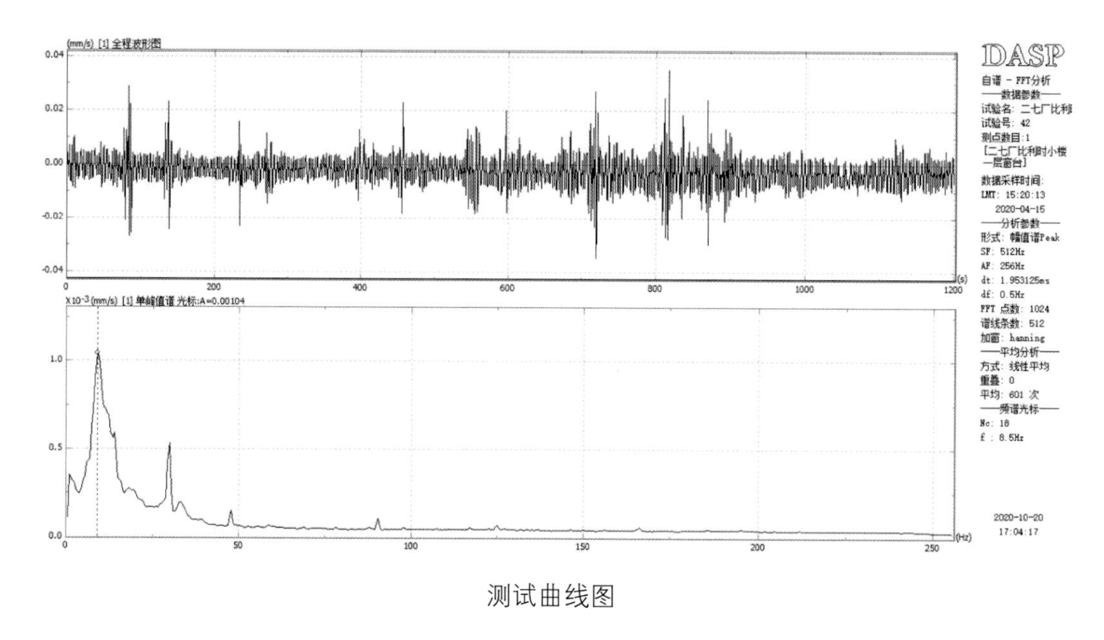

测试曲线图

根据《古建筑防工业振动技术规范》GB/T 50452-2008，对于全国重点文物保护单位关于砖结构承重结构最高处水平容许振动速度最高不能超过 0.15 毫米 / 秒～0.20 毫米 / 秒，本结构水平振动速度未超过规范的限值。

5. 外观质量检查

5.1 地基基础检查结果

经检查，未发现地基基础存在影响结构安全和使用的不均匀沉降现象。

5.2 上部结构检查结果

根据现场情况对该楼具备检查条件的构件进行了检查、检测，主要检查结论如下：

（1）经检查，两处砖墙存在明显开裂。

（2）经检查，南部房屋 4、5 轴墙体在木吊顶上部设有券洞，券顶中间部位有历史开裂痕迹，目前 4、5 轴墙体券洞下方均支有砖柱。

（3）经检查，房屋各段墙体砌筑工艺、材料存在明显不同。如北段房屋，两侧的稍间外墙为红砖墙，中间房屋墙体为灰砖和红砖相间，两种墙体之间的连接在顶部未设置咬槎，推测两侧稍间为后期建造；南段房屋的西侧墙体 2-B-D 砖墙材质及风化程度存在差异，推测此墙体曾进行过局部拆砌。

（4）经检查，木构架存在的主要缺陷情况有：

1）个别檩条存在开裂；

2）局部存在渗漏痕迹。

（5）经检查，木地板下方为木格栅，木格栅木枋尺寸为高190毫米、宽90毫米，木枋中心间距为400毫米。南段房屋木格栅下设有架空层，架空高度约为1100毫米，北段房屋木地板下基本无架空层。

主要缺陷统计表

序号	类型	轴线位置	缺陷描述
1	开裂	5–7–A 轴墙	窗券端部位置下方竖向开裂，长度约1.2米，w_{max}=0.8毫米
2	开裂	5–7–E 轴墙	窗侧墙体竖向开裂，长度约2.5米，w_{max}=3毫米
3	券洞支顶	5–B–D 轴墙	券洞中间加砖柱支顶
4	券洞支顶	4–B–D 轴墙	券洞中间加砖柱支顶
5	墙体构造	2–B–D 轴墙	砖墙材质及风化程度存在差异
6	墙体构造	6–9–F 轴墙	砖材质差异
7	墙体构造	3–F 轴墙	纵横墙顶部连接无咬槎
8	墙体构造	3–G 轴墙	纵横墙顶部连接无咬槎
9	墙体构造	2–G 轴墙	纵横墙顶部连接无咬槎
10	墙体构造	2–F 轴墙	纵横墙顶部连接无咬槎
11	檩条开裂	2–4–B–E 轴屋顶	屋顶个别檩条开裂
12	檩条开裂	2–4–B–E 轴屋顶	2–4–B–E 轴处屋顶个别檩条开裂
13	渗漏	5–7–C 轴	中间脊部屋面出现渗漏痕迹
14	渗漏	6–F 轴	屋面出现渗漏痕迹

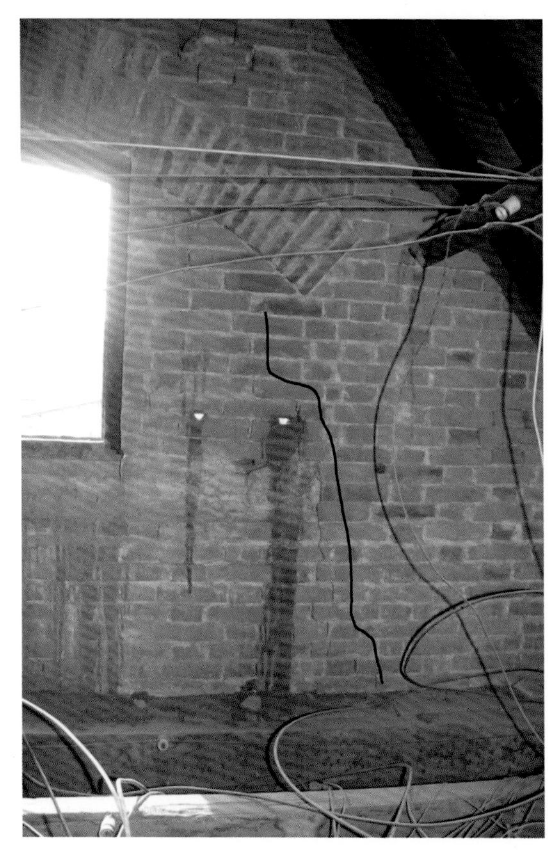

5-7-A 轴墙竖向开裂，长 1.2 米，宽 0.8 毫米

5-7-E 轴墙体竖向开裂，长 2.5 米，宽 3 毫米

5-B-D 轴之间券洞中间加砖柱支顶

4-B-D 轴之间券洞中间加砖柱支顶

2-B-D 轴墙体，砖墙材质及风化程度存在差异

6-9-F 轴墙体砖材质差异

3-F 轴处纵横墙顶部连接无咬槎

3-G 轴处纵横墙顶部连接无咬槎

2-G 轴处纵横墙顶部连接无咬槎

2-F 轴处纵横墙顶部连接无咬槎

2-4-B-E 轴处屋顶个别檩条开裂

2-4-B-E 轴处屋顶个别檩条开裂

5-7-C 轴处中间脊部屋面出现渗漏痕迹

6-F 轴处屋面出现渗漏痕迹

2-4-B-D 轴处木地板格栅

2-4-B-D 轴处木地板格栅内部

5.3 重点保护部位检查结果

（1）外立面保护部位

经检查，外墙面为砖面，局部存在明显风化，局部水泥线脚出现开裂及脱落。

外墙面风化

（2）屋面重点保护部位

经检查，屋面存在的主要缺陷情况有：

①机瓦屋面局部瓦片滑落；

②波形薄钢板屋面局部存在锈蚀。

6-8-F-G 轴处局部瓦片滑落

2-7-A-E 轴处薄钢板屋面锈蚀

（3）室内重点保护部位

①内墙面

经检查，内墙面为白灰墙面，内墙面基本完好。

内墙面基本完好

②楼地面

经检查，室内地面为木地板，木地板表面明显磨损，局部缺失。

5-7-A-C 轴处木地板磨损

2-4-B-D 轴处木地板磨损，局部替换

③天花吊顶

经检查，该结构下方吊顶未发现存在明显破损。

吊顶现状照片

（4）其他重点保护部位

经检查，房屋各段墙体砌筑工艺、材料存在明显不同，可能存在局部加建，原结构平面布局及结构体系未发现明显改变，基本为原来形式。

6. 墙体砖及砌筑砂浆强度检测

根据现场条件，采用回弹法、贯入法对本结构承重墙分别进行砖及砌筑砂浆的抗压强度检测。

6.1 砖强度检测

经现场检查，房屋大部分墙体为灰砖及红砖相间的墙体，此部分墙体砌筑比较工整，灰缝饱满，推测为原有墙体；部分墙体为红砖墙体，砌筑工艺相对粗糙，灰缝不够密实，且灰浆强度较低，手捻即碎，推测此部分墙体为后建墙体。

灰砖及红砖相间的墙体典型照片

红砖墙典型照片

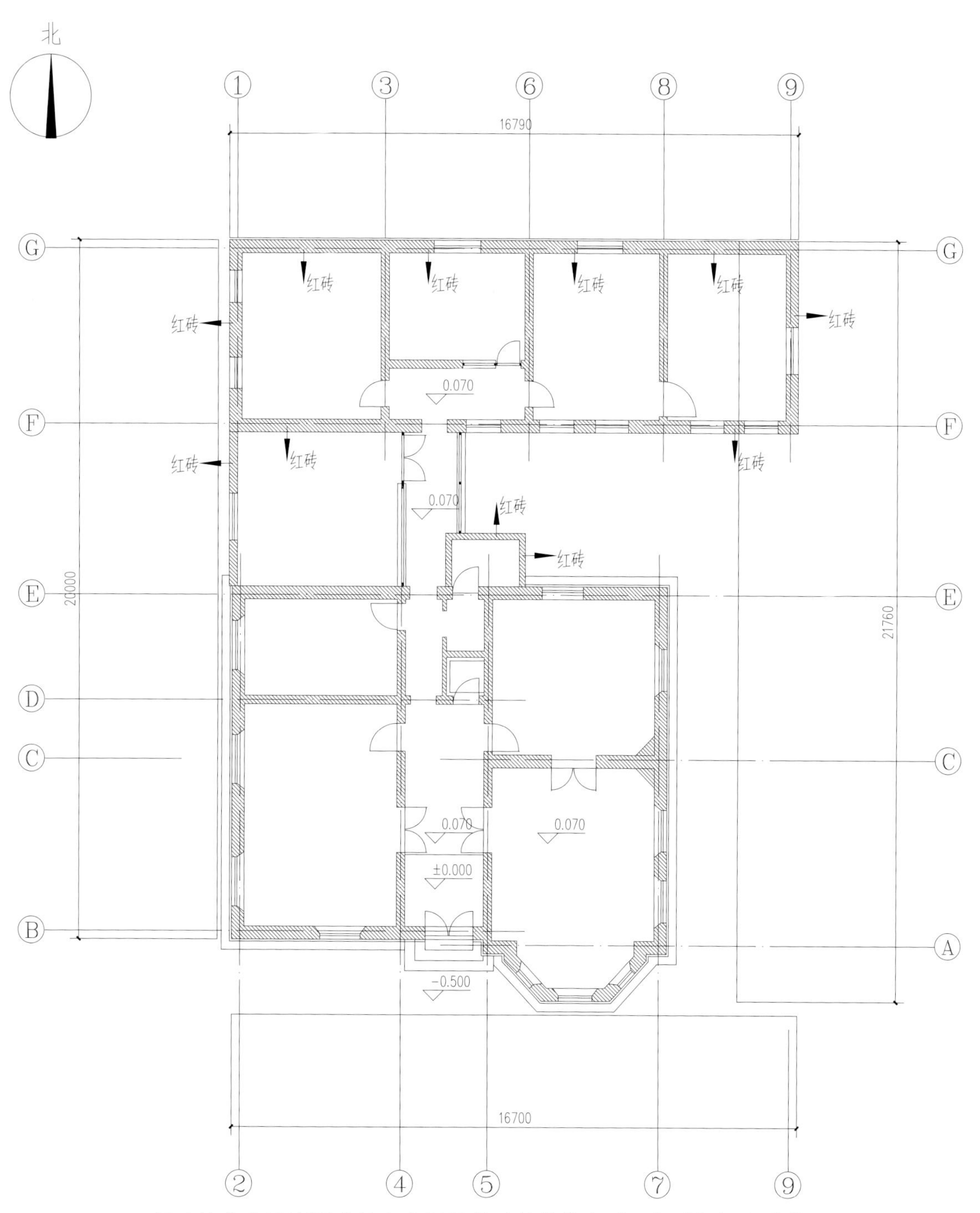

红砖墙分布示意图（其余未标记的砖墙均为灰砖及红砖相间的墙体）

采用回弹法对砌体墙砖抗压强度进行检测，根据 GB/T 50315-2011，推定灰红砖相间墙体墙砖的强度等级为 MU10，推定红砖墙体墙砖的强度等级为 <MU7.5，统计结果见下表。

墙砖强度回弹检测表

楼层	平均值（兆帕）	标准差（兆帕）	变异系数	标准值（兆帕）	最小值（兆帕）	推定等级
1（灰红砖相间墙体）	11.7	1.61	0.14	10.6	8.8	MU10.0
1（红砖墙体）	5.5	0.85	0.15	4.3	3.9	<MU7.5

砖墙的砖强度具体数据见下表，其中换算值单位为兆帕。

墙砖强度具体检测表

轴线位置	项目	1	2	3	4	5	6	7	8	9	10	平均值
一层 7-A-C 墙	回弹值	37.8	36.4	35.0	35.6	38.2	36.0	32.4	35.6	38.2	33.8	
	换算值	12.8	11.4	10.0	10.6	13.2	11.0	7.7	10.6	13.2	8.9	10.9
一层 5-7-E 墙	回弹值	37.2	41.0	34.2	35.8	32.8	37.2	36.4	35.0	37.6	34.2	
	换算值	12.2	16.4	9.3	10.8	8.0	12.2	11.4	10.0	12.6	9.3	11.2
一层 5-D-E 墙	回弹值	36.2	33.2	34.4	35.6	35.8	39.4	33.2	32.8	35.8	39.4	
	换算值	11.2	8.4	9.4	10.6	10.8	14.6	8.4	8.0	10.8	14.6	10.7
一层 2-D-E 墙	回弹值	41.6	35.8	38.8	42.8	39.0	40.4	40.2	39.4	39.8	42.6	
	换算值	17.1	10.8	13.9	18.6	14.1	15.7	15.5	14.6	15.0	18.4	15.4
一层 4-D-E 墙	回弹值	38.0	30.4	35.6	38.2	35.2	32.0	37.4	31.6	39.0	39.2	
	换算值	13.0	6.1	10.6	13.2	10.2	7.3	12.4	7.0	14.1	14.3	10.8
一层 5-7-A 墙	回弹值	37.6	31.6	35.2	32.0	36.4	34.8	42.0	29.4	37.0	37.4	
	换算值	12.6	7.0	10.2	7.3	11.4	9.8	17.6	5.3	12.0	12.4	10.6
一层 8-F-G 墙	回弹值	38.6	37.6	38.0	30.4	39.6	36.4	37.0	37.0	36.8	35.0	
	换算值	13.7	12.6	13.0	6.1	14.8	11.4	12.0	12.0	11.8	10.0	11.7
一层 3-F-G 墙	回弹值	37.6	41.4	36.8	36.4	37.0	35.4	34.4	35.0	38.6	42.2	
	换算值	12.6	16.9	11.8	11.4	12.0	10.4	9.4	10.0	13.7	17.9	12.6
一层 9-F-G 墙	回弹值	29.2	29.2	26.6	25.2	28.2	28.4	25.2	28.0	30.4	28.4	
	换算值	5.2	5.2	3.4	2.6	4.5	4.6	2.6	4.3	6.1	4.6	4.3
一层 8-9-G 墙	回弹值	29.6	30.4	30.8	26.4	28.4	32.0	31.4	29.2	26.8	29.4	
	换算值	5.5	6.1	6.4	3.3	4.6	7.3	6.8	5.2	3.6	5.3	5.4

续表

轴线位置	项目	1	2	3	4	5	6	7	8	9	10	平均值
一层 6-8-F 墙	回弹值	30.0	34.0	28.4	28.0	33.4	30.0	30.6	30.6	29.4	30.2	
	换算值	5.8	9.1	4.6	4.3	8.5	5.8	6.2	6.2	5.3	5.9	6.2
一层 1-F-G 墙	回弹值	26.0	28.4	30.0	30.0	31.2	32.2	30.8	31.4	32.2	30.4	
	换算值	3.1	4.6	5.8	5.8	6.7	7.5	6.4	6.8	7.5	6.1	6.0

6.2 砂浆强度检测

对砌筑砂浆，采取回弹法检测墙的砂浆强度，根据 GB/T 50315-2011，推定灰红砖相间墙体砂浆强度为 1.2 兆帕；红砖墙体砂浆手捻即碎，后续计算时建议取 0.4 兆帕，具体结果见下表。

砌筑砂浆强度检测表（兆帕）

序号	墙体位置	砂浆强度	平均值 / 最小值
1	一层 7-A-C 墙	1.01	平均值：2.3 最小值 *1.33 : 1.2
2	一层 5-7-E 墙	1.50	
3	一层 5-D-E 墙	1.60	
4	一层 2-D-E 墙	0.89	
5	一层 4-D-E 墙	6.93	
6	一层 5-7-A 墙	2.14	
7	一层 8-F-G 墙	2.36	
8	一层 3-F-G 墙	2.27	

7. 结构变形检测

现场测量部分墙体的倾斜程度，测量结果见下图。

依据《近现代历史建筑结构安全性评估导则》WW/T 0048-2014 第 7.3.2.3 条规定，砌体结构构件倾斜率限值为 6‰ H（测量高度为 1500 毫米时，允许值为 9 毫米）。

根据测量结果，部分墙体的倾斜程度超过规范限值要求，如 2-F-G、2-C-D、5-7-1/A 等轴墙。

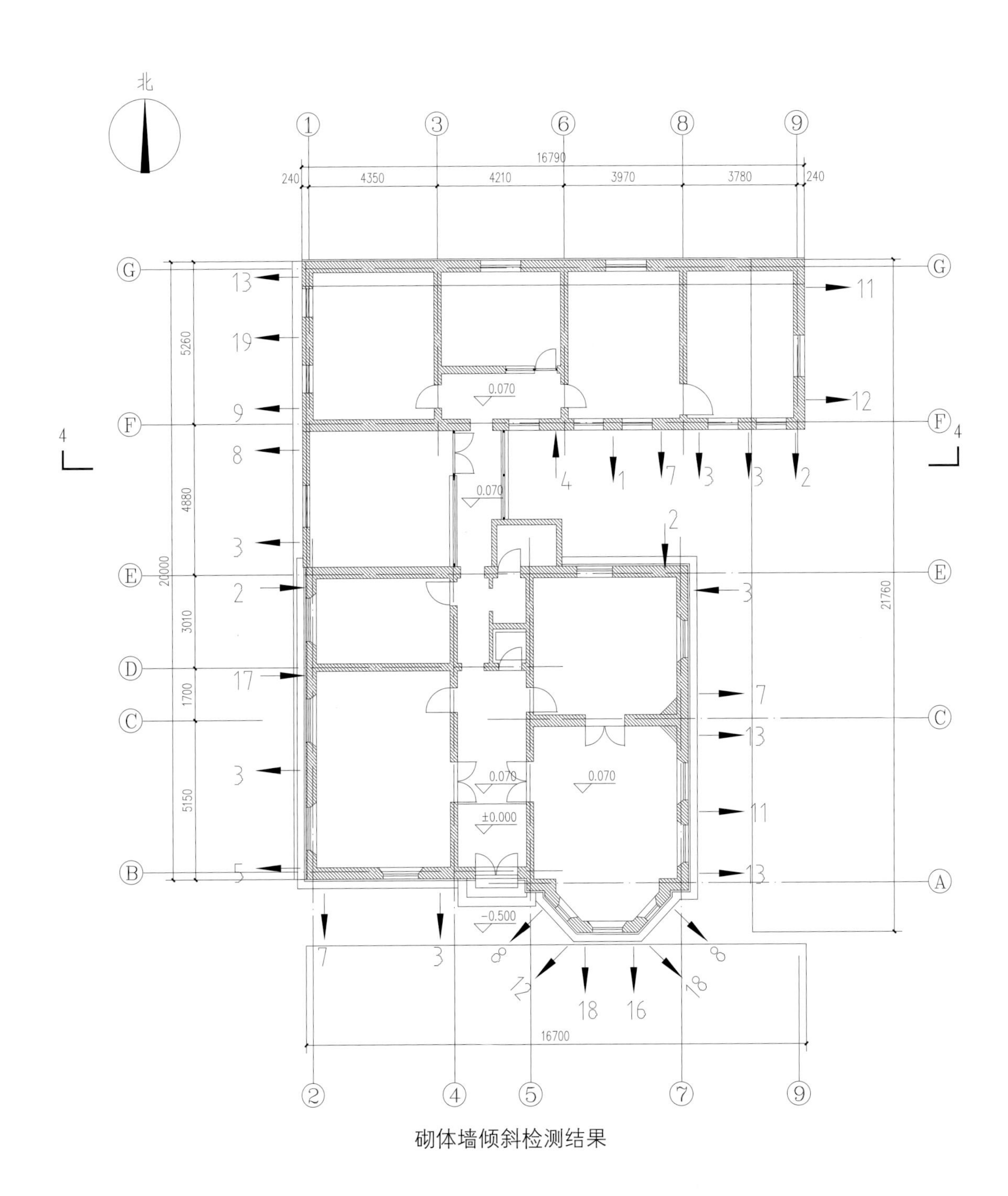

砌体墙倾斜检测结果

8. 结构安全性评估

8.1 评定方法和原则

根据《近现代历史建筑结构安全性评估导则》WW/T 0048-2014，近现代历史建筑的结构安全性评估应分成地基基础、上部结构（包括围护结构）两个组成部分分别进行评估，每个组成部分应按规定分一级评估、二级评估两级进行。

8.2 结构安全性等级评估

（1）地基基础构件安全性评估

经检测，地基基础未发现存在明显不均匀沉降迹象，未发现上部承重墙体存在大于5毫米的沉降裂缝。本项满足一级评估。

（2）上部结构构件安全性评估

1）砌体构件的一级评估

砌体结构的检测勘察应包括砌体的外观质量、材料强度、变形、裂缝、构造等5个项目，任一项目不满足一级评估，则应进行二级评估。

①外观质量

砌体墙局部存在自然风化，受损率未超过规范限值要求，本项满足一级评估。

②材料强度

经查，砖强度推定等级为MU10及<MU7.5，部分墙体不满足规范MU10的要求；砂浆强度推定值为1.2兆帕及0.4兆帕，不满足规范M1.5的要求，本项不满足一级评估。

③变形

经检测，所抽检3处砌体墙倾斜率均不满足规范0.6%的要求，本项不满足一级评估。

④裂缝

经检测，2处砌体墙发现存在明显开裂现象，本项不满足一级评估。

⑤构造

经检查，本结构墙、柱的高厚比符合国家现行设计规范的要求；连接及砌筑方式基本正确，主要构造基本符合国家现行设计规范要求，但部分新旧墙体之间咬槎不满足现行规范要求。本项满足一级评估。

2）砌体构件的二级评估

依据现行《近现代历史建筑结构安全性评估导则》WW/T 0048-2014，对结构承载力进行验算。材料强度、结构平面布置、荷载取值、计算参数等依据检测结果及现行规范。

①计算模型及参数确定

依据现场检测结果，采用 PKPM 软件（PKPM2010 版，编制单位：中国建筑科学研究院 PKPM CAD 工程部），建立结构计算模型，主要参数如下：

a. 砖强度等级：MU10、MU5，砂浆强度：1.2 兆帕、0.4 兆帕。

b. 楼屋面荷载按实际情况进行取值，具体取值见下表。

楼屋面荷载标准值取值

类别	建筑用途	标准值
恒载	机瓦屋面	1.5 千牛 / 平方米
	彩钢板屋面	1.2 千牛 / 平方米
活载	一层地面	2.0 千牛 / 平方米
	不上人屋面	0.5 千牛 / 平方米
风荷载	地面粗糙度类别：C 类，基本风压：0.45 千牛 / 平方米	

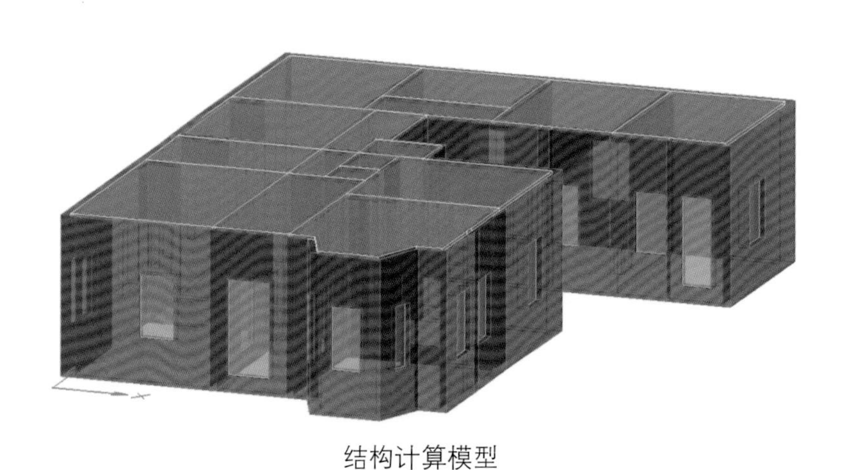

结构计算模型

②计算结果

砌体承重墙

砌体墙受压验算结果见下图，各层砌体墙承载力 $R/\gamma S>1.00$，安全性满足要求。

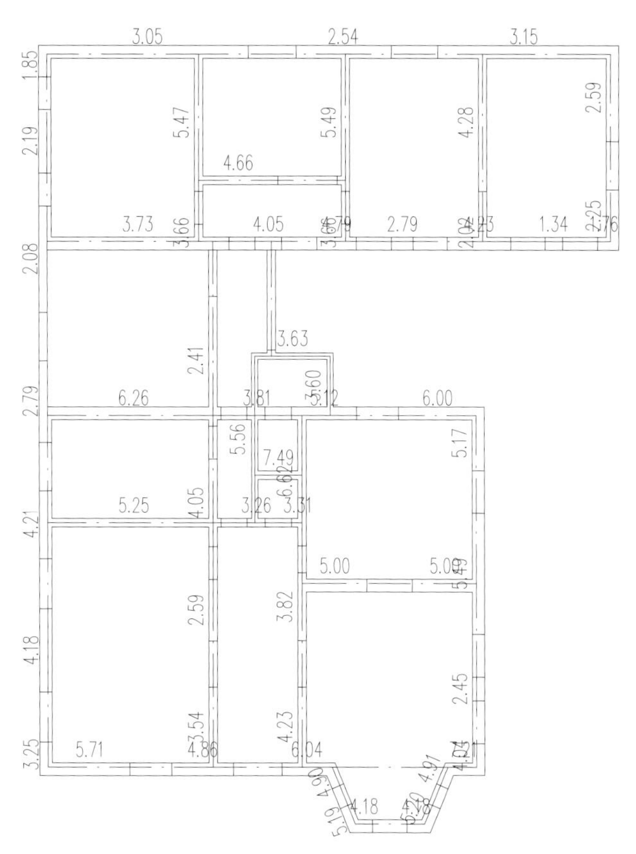

一层承载力计算结果（抗力与荷载效应之比）

3）木构件的一级评估

木结构的检测勘察应包括木构件的外观质量、变形、裂缝、构造等4个项目，任一项目不满足一级评估，则应进行二级评估。

①外观质量

经检测，木构件未发现存在明显腐朽、蛀蚀、缺陷或人为损坏等，本项满足一级评估。

②构件变形

经检测，木构件未发现存在明显变形，本项满足一级评估。

③斜裂缝

经检测，2处木檩条存在斜裂缝，本项不满足一级评估。

④构造

经检测，木屋架的连接方式基本正确，主要构造基本符合国家现行设计规范要求，工作无异常，本项基本满足一级评估。

4）木地板构件的二级评估

对木地板格栅承重木枋进行承载力验算。

地面恒荷载标准值取0.5千牛/平方米，活荷载标准值取2.0千牛/平方米。材料强度等级暂按最低强度等级TC11B计算，按照规范要求乘结构重要性系数0.9后，抗弯强度取9.9牛/平方毫米，顺纹抗剪强度取1.26牛/平方毫米，顺抗压强度取9牛/平方毫米。

经验算，木格栅木枋的结构抗力与荷载效应之比均大于1.0，满足承载力要求。

在房屋实际使用过程中，若木楼板地面使用荷载超过计算荷载2.0千牛/平方米较大时，建议对木楼板的材料性能进行详细检测并进行承载力验算复核，或采取相应加固处理措施。

5）上部结构安全性综合评估

综上，根据规范WW/T 0048-2014第8节，经综合评定，上部结构安全性等级评定为b级。

（3）建筑整体安全性等级评估

综合地基基础与上部结构的安全性评级，根据《近现代历史建筑结构安全性评估导则》WW/T 0048-2014第8.4节，评定该房屋的安全性等级为B级，整体安全性基本满足要求，极少数构件需要采取措施。

8.3 重点保护部位完损等级评估

根据《近现代历史建筑结构安全性评估导则》WW/T 0048-2014第9节，对该结构重点保护部位完损等级进行评估，评估结果如下表所示。

重点保护部位完损等级进行评估结果

保护部位		评估结果
外立面重点保护部位	墙面	一般损坏
	外墙花饰、线脚及雕塑等	一般损坏
屋面重点保护部位	屋面瓦	一般损坏
	花饰	一般损坏
室内重点保护部位	内墙面	完好
	楼地面	严重损坏
	天花吊顶	一般损坏
其他重点保护部位	建筑平面布局、结构体系及重要事件和重要人物遗留的痕迹	一般损坏

9. 结构抗震鉴定

本结构约建于 1897 年，依据《建筑抗震鉴定标准》第 1.0.4 条、第 1.0.5 条，按后续使用年限 30 年考虑，确定本建筑为 A 类建筑；根据国家标准《建筑抗震设防分类标准》确定本建筑抗震设防类别为丙类。

9.1 抗震措施鉴定

根据《建筑抗震鉴定标准》（GB 50023-2009）对该结构的抗震构造措施进行鉴定。本地区设防烈度为 8 度，按照 8 度的要求检查其抗震措施。检查结果如下表。

结构不满足要求或超出规范限值的主要项目如下：

（1）砖、砌筑砂浆强度等级均不满足标准要求。

（2）房屋内外墙均未设置圈梁，不满足标准要求。

（3）局部易倒塌部件尺寸不满足标准要求。

抗震措施鉴定结果汇总表

1 基本信息			
墙体（材料）类别	烧结普通砖	墙体厚度（毫米）	外墙 370，内墙 370、240
2 一般规定			
外观质量	墙体空鼓、严重酥碱和明显闪歪		□有 ■无
	木楼、屋盖构件明显变形、腐朽、蚁蛀和严重开裂		□有 ■无
	支承大梁、屋架的墙体存在竖向裂缝，承重墙、自承重墙及其交接部位存在明显裂缝		□有 ■无
3 上部主体结构			
3.1 结构体系			
项目	结果	8 度标准限值	
横墙数量	■一般 □较少 □很少	横墙较少是指同一楼层内开间大于 4.2 米的房间占该层总面积的 40% 以上；其中，开间不大于 4.2 米的房间占该层总面积不到 20% 且开间大于 4.8 米的房间占该层总面积的 50% 以上为横墙很少。	
房屋高度、层数、高宽比	■满足 □不满足	8 度普通砖实心墙不超过 19 米	
	■满足 □不满足	8 度普通砖实心墙不超过 6 层	
	■满足 □不满足	房屋的高度与宽度之比不宜大于 2.2	

项目	结果	8 度标准限值
房屋实际抗震横墙的最大间距	■满足 □不满足	木、砖拱楼、屋盖：砖实心墙，8 度设防时最大间距为 7 米
房屋的平、立面和墙体布置	■满足 □不满足	质量和刚度沿高度分布比较规则均匀，立面高度变化不超过一层，同一楼层的楼板标高相差不超过 500 毫米
	■满足 □不满足	楼层的质心和计算刚心基本重合或接近
	■满足 □不满足	跨度不小于 6 米的大梁，不宜由独立砖柱支承；乙类设防时不应由独立砖柱支承
	■满足 □不满足	教学楼、医疗用房等横墙较少、跨度较大的房间，宜为现浇或装配整体式楼、屋盖
3.2 承重墙体材料的实际强度等级		
砖、砌筑砂浆强度等级	砖强度等级：局部 <MU7.5；砂浆抗压强度：0.4 兆帕	
	□满足 ■不满足	砖块材强度等级不宜低于 MU7.5，且不低于砌筑砂浆强度等级
	□满足 ■不满足	砖墙的砌筑砂浆强度等级，8 度时不宜低于 M1
3.3 整体性连接构造		
纵横墙交接处连接	■满足 □不满足	墙体平面内布置应闭合
	■满足 □不满足	纵横墙连接处墙体内无烟道、通风道等竖向孔道
	■满足 □不满足	纵横墙交接处应咬槎较好
3.4 圈梁		
圈梁的布置和构造	□满足 ■不满足	8 度设防时外墙应有圈梁；纵横墙上圈梁的水平间距分别不应大于 8 米和 12 米。 注：内外墙均未设置圈梁
4 局部易倒塌部位		
4.1 局部易倒塌部件及连接		
结构构件	□满足 ■不满足	承重的门窗间墙最小宽度和外墙尽端至门窗洞边的距离及支撑大于 5 米跨度大梁的内墙阳角至门窗洞边的距离，不宜小于 1.0 米；非承重外墙尽端至门窗洞边的距离不宜小于 0.80 米 注：F 轴 3 处窗间墙宽度不满足规范要求，且不符合的程度超过规范规定，应采取加固或其他相应措施
	■满足 □不满足	楼梯间及门厅跨度不小于 6 米的大梁，在砖墙转角处的支承长度是否不小于 490 毫米
非结构构件	■满足 □不满足	隔墙与两侧墙体或柱应有拉结
	■满足 □不满足	钢筋混凝土挑檐、雨罩等悬挑构件应有足够的稳定性

9.2 抗震承载力

根据《建筑抗震鉴定标准》（GB50023-2009）第 7.2.8 条，按楼层综合抗震能力指数进行评价。各楼层综合抗震能力指数计算统计结果见下表，各楼层的墙段抗震能力指数计算结果见下图。图表中纵向为南北向，横向为东西向。

根据《建筑抗震鉴定标准》(GB50023-2009)第 5.2 节，本结构有多项抗震措施明显不符合要求，局部易倒塌部件不符合程度超过规范规定，评定综合抗震能力不满足抗震鉴定要求，应对房屋采取加固或其他相应措施。

楼层综合抗震能力指数计算结果

方向	层号	β_i	ξ_{0i}	λ	Ψ_1	Ψ_2	综合抗震能力指数 β_{ci}
横向	一层	3.41	0.0148	1.50	0.7	0.9	2.15
纵向	一层	3.11	0.0147	1.50	0.7	0.9	1.96

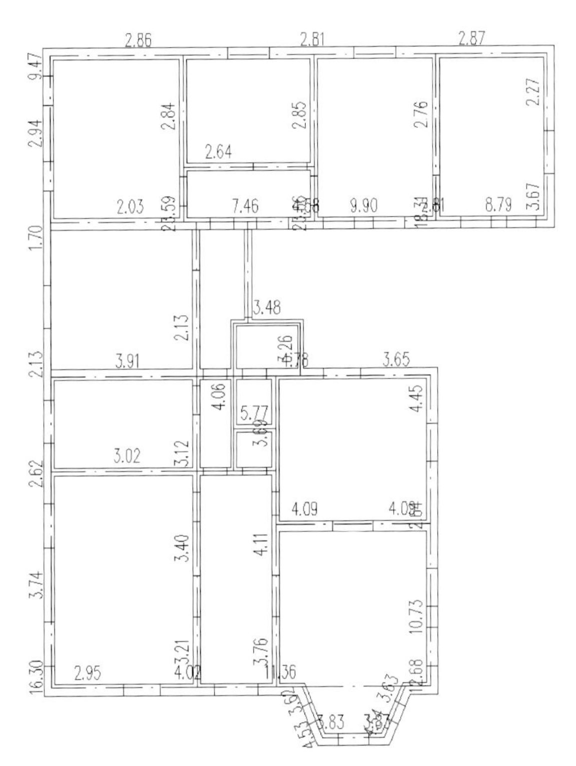

一层砌体墙段抗震能力指数

10. 工程处理建议

（1）建议对存在开裂的墙体进行加固修复处理措施。

（2）建议对存在风化的墙体表面进行修复处理，并采取相应的化学保护措施。

（3）建议对存在渗漏的屋面进行修复处理，对出现瓦片滑落的机平瓦屋面以及存在锈蚀的波形薄钢板屋面进行修复处理。

（4）建议对存在破损的木地板进行修复处理；若木楼板地面使用荷载超过计算荷载 2.0 千牛 / 平方米较大时，建议对木楼板的材料性能进行详细检测并进行承载力验算复核，或采取相应加固处理措施。

（5）3 处外墙外倾程度超过规范限值要求，建议对此墙体的变形进行定期观测，如发现存在进一步发展的趋势，应采取相应加固处理措施。

（6）部分墙体之间连接不满足现行规范要求，建议采取相应加固处理措施。

（7）建议对局部尺寸不满足要求的墙体进行加固处理。

第三章　京报馆结构安全检测

1. 建筑概况

京报馆位于北京市西城区骡马市大街魏染胡同30号，约建于1913年，建筑面积约230平方米，结构形式为砖混结构。地上两层，一至二层层高均为4米。平面形状为矩形。该建筑外观照片见下图。该结构原设计施工图纸缺失。

由于本结构外观目前出现了不同程度的缺陷及损伤，为掌握该结构的性能状况，委托我司对其进行结构检测鉴定，并提出工程处理建议，为后续工作提供依据。

京报馆西北侧外观现状照片

京报馆南侧外观现状照片

京报馆东侧外观现状照片

2. 检测鉴定依据与内容

2.1 检测鉴定依据

（1）《建筑结构检测技术标准》（GB/T 50344—2004）；

（2）《砌体工程现场检测技术标准》（GB/T 50315—2011）；

（3）《混凝土中钢筋检测技术规程》（JGJ/T 152—2008）；

（4）《回弹法检测混凝土抗压强度技术规程》（JGJ/T 23—2011）；

（5）《房屋结构综合安全性鉴定标准》（DB 11/637—2015）；

（6）《建筑抗震鉴定标准》（GB 50023—2009）；

（7）《建筑结构荷载规范》（GB 50009—2012）；

（8）《民用建筑可靠性鉴定标准》（GB 50292—2015）等。

2.2 检测鉴定内容

（1）结构体系检查；

（2）构件外观质量检查；

（3）构件材料强度抽样检测；

（4）构件倾斜状况抽样检测；

（5）结构安全性鉴定；

（6）根据检测鉴定结果，提出工程处理建议。

3. 建筑平面图测绘

采用钢卷尺对建筑轴线尺寸、构件截面尺寸、门窗洞口尺寸等进行测量，并绘制结构平面图，见下图。

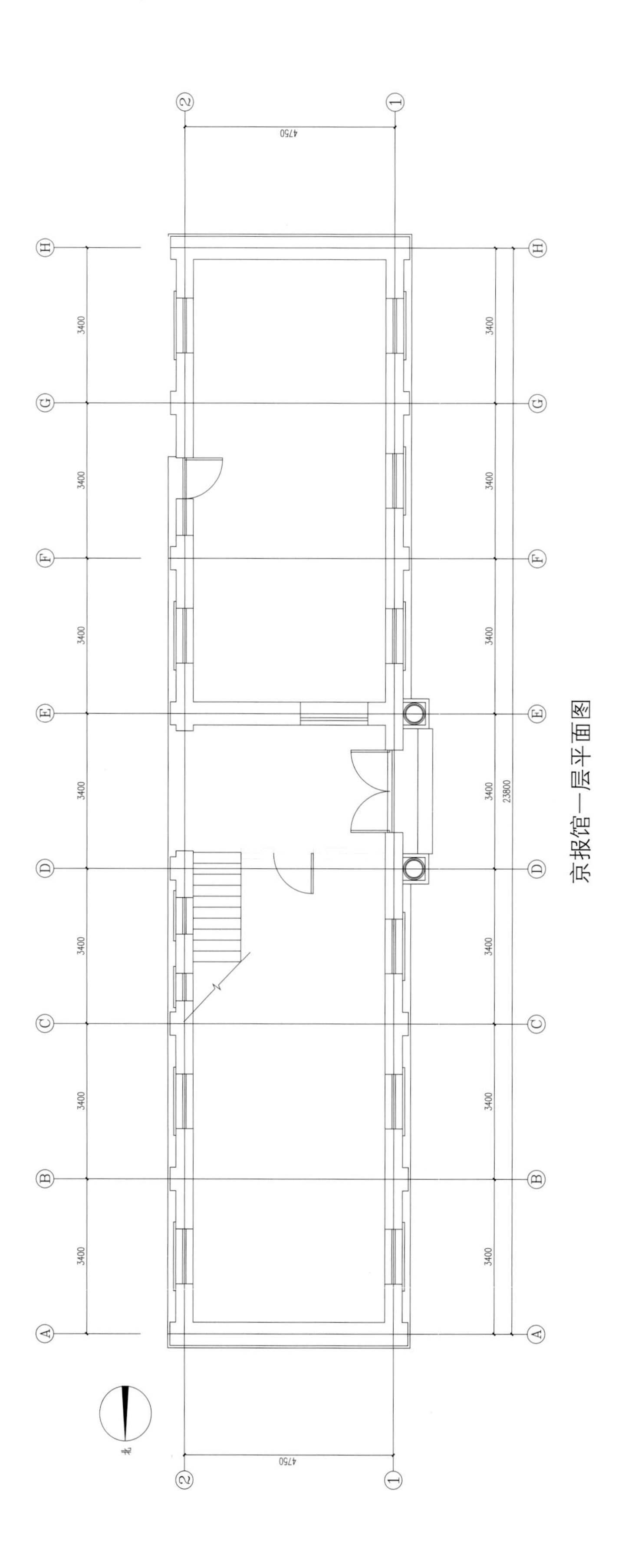

京报馆一层平面图

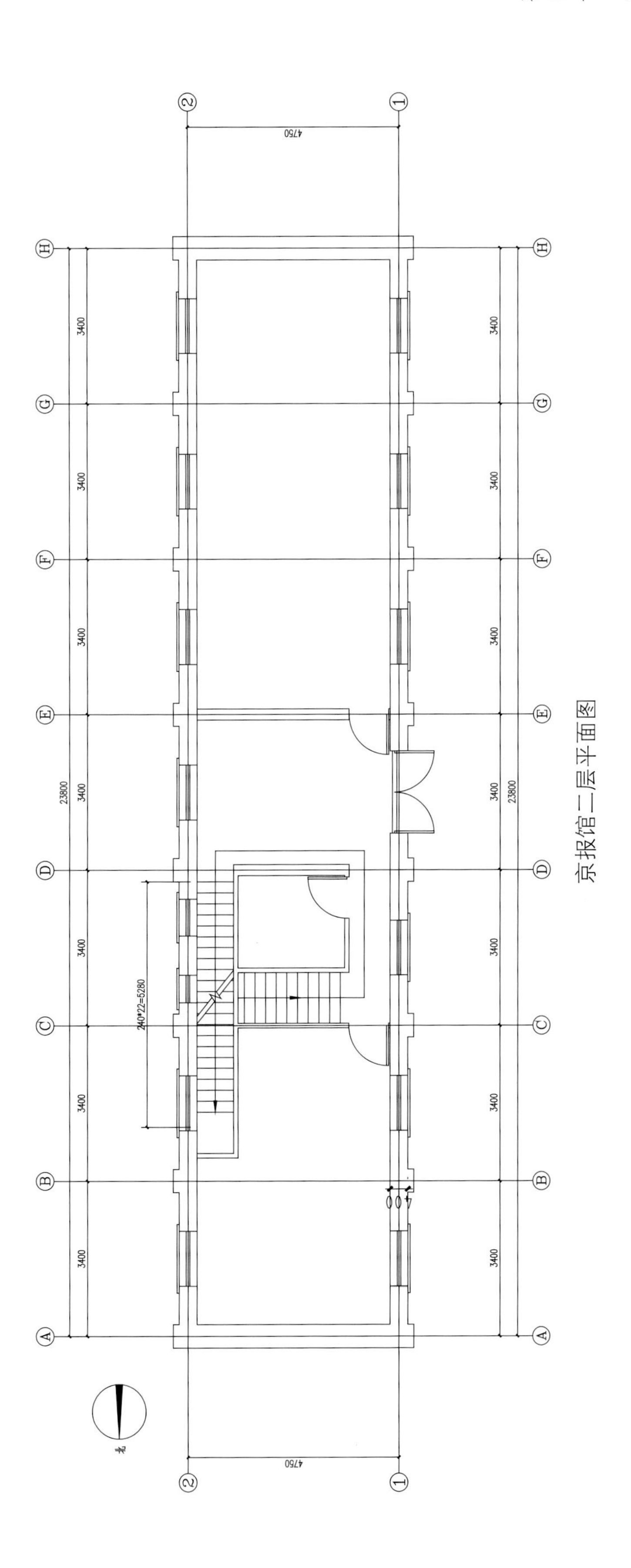

京报馆二层平面图

4. 结构体系与外观质量检查

4.1 结构体系检测

经检测，该结构为砖混结构，由砖砌体纵墙承重，外墙厚度为360毫米，内墙厚度为240毫米，墙体采用烧结普通砖及水泥砂浆进行砌筑；一层顶板为木格栅木楼板，二层顶板为现浇混凝土楼板。经检查，在外墙四角未发现设有构造柱；内外墙在一层楼面处未发现设置圈梁。经检测，二层顶混凝土梁截面为250毫米 ×500毫米，梁下铁布置了4根方形钢筋，方形钢筋截面为18毫米 ×18毫米，箍筋布置为 ϕ6@150，混凝土梁的混凝土强度等级推定为C15。

4.2 外观质量检测

根据现场情况对该楼具备检查条件的构件进行了检查、检测，主要检查结论如下：

（1）经检查，一层台阶阶条石存在明显破损，见下图。

一层西侧台阶破损

（2）经检查，东侧砖墙存在明显风化及剥落现象，见下图。

东侧外墙风化剥落

（3）经检查，墙体多处存在开裂现象，比较明显的有二层 1-2-A 墙体下方斜裂缝，二层 1-B-C 窗下方斜裂缝，二层 1-2-H 墙体下方斜裂缝，见下图。

二层 1-2-A 墙体下方斜裂缝

二层 1-B-C 窗下方斜裂缝

二层 1-2-H 墙体下方斜裂缝

（4）经检查，二层顶部外檐端部普遍存在混凝土块剥落，钢筋锈蚀的现象，见下图。

二层檐部混凝土剥落，钢筋锈蚀

（5）经检查，一层顶板存在渗漏痕迹，二层木地板局部存在缺失，见下图。

一层顶板渗漏痕迹

二层木地板局部缺失

（6）经检查，木楼梯下方顶板木条多处缺失，并存在渗漏痕迹，木楼梯踏步普遍存在严重磨损开裂的现象，见下图。

木楼梯下方木板缺失

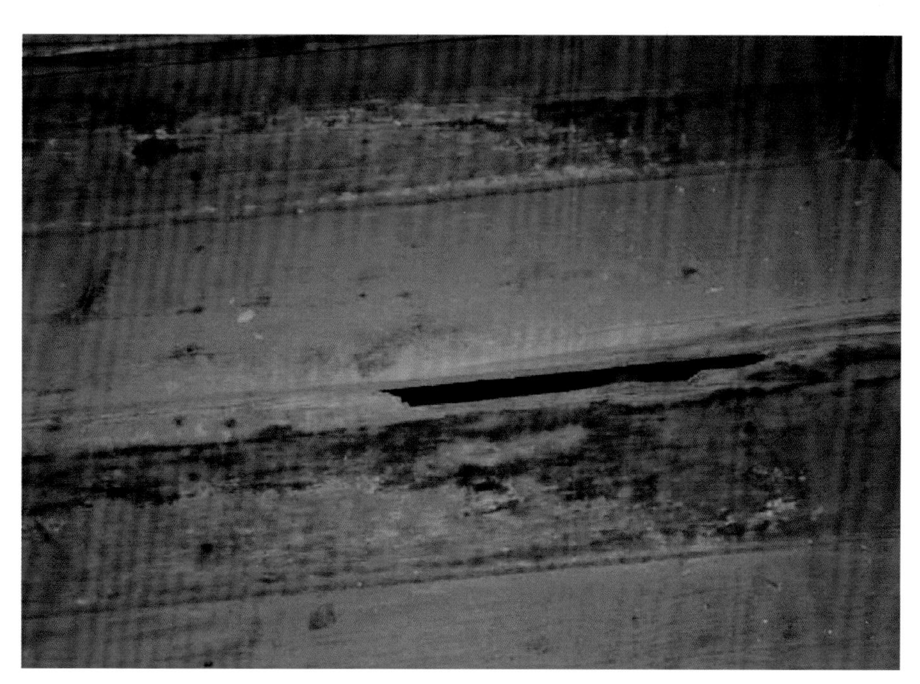

木楼梯普遍严重磨损开裂

木楼梯下方木板渗漏痕迹

（7）经检查，梁中钢筋存在明显锈蚀，见下图。

梁中钢筋明显锈蚀

5. 砖、砂浆强度检测

采用回弹法检测墙体烧结普通砖强度，将该结构烧结普通砖分别按批进行评定，根据 GB50315—2011，一至二层砖强度等级推定为 <MU7.5。统计结果见下表。鉴定中 1～2 层砖强度等级取 MU5。

墙砖强度回弹检测表

层数	平均值（兆帕）	标准差（兆帕）	变异系数	标准值（兆帕）	最小值（兆帕）	推定等级
1～2 层	7.3	2.89	0.40	2.1	5.0	<MU7.5

采用贯入法检测该结构墙体砌筑砂浆强度，根据 JGJ136—2017，各层墙体砌筑砂浆实测强度推定结果为一至二层 0.6 兆帕。具体结果见下表。

墙体砌筑砂浆强度检测表

检验批	轴线编号	砂浆测区强度值（兆帕）	检测结果统计值（兆帕）	推定结果（兆帕）
一层	1-2-D	1.20	0.91× 平均值：0.8 1.18× 最小值：0.6	0.6
	1-D-E	0.90		
	1-C-D	0.90		
	1-2-H	0.50		
	1-2-D	0.70		
	1-G-H	0.80		

6. 地基基础雷达探查

采用地质雷达对结构地基基础进行探查。雷达天线频率为 300 兆赫，雷达扫描路线示意图及雷达详细测试结果见下图。

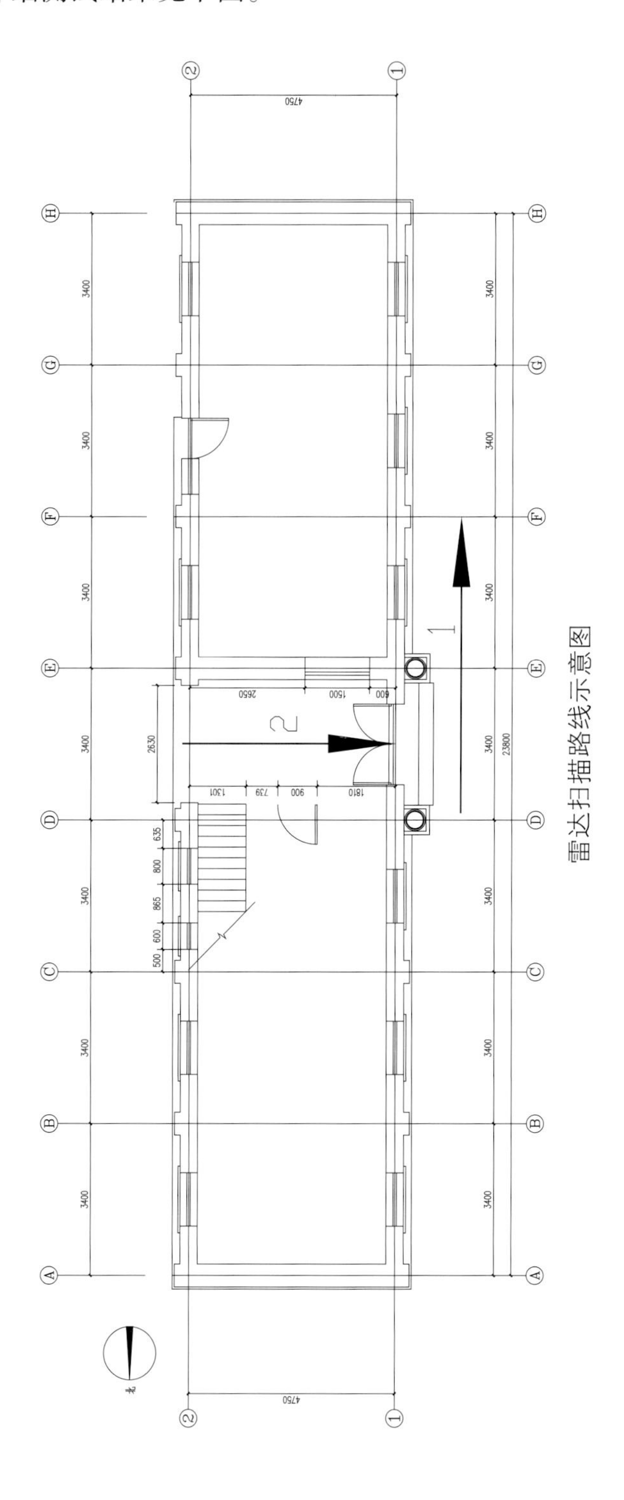

雷达扫描路线示意图

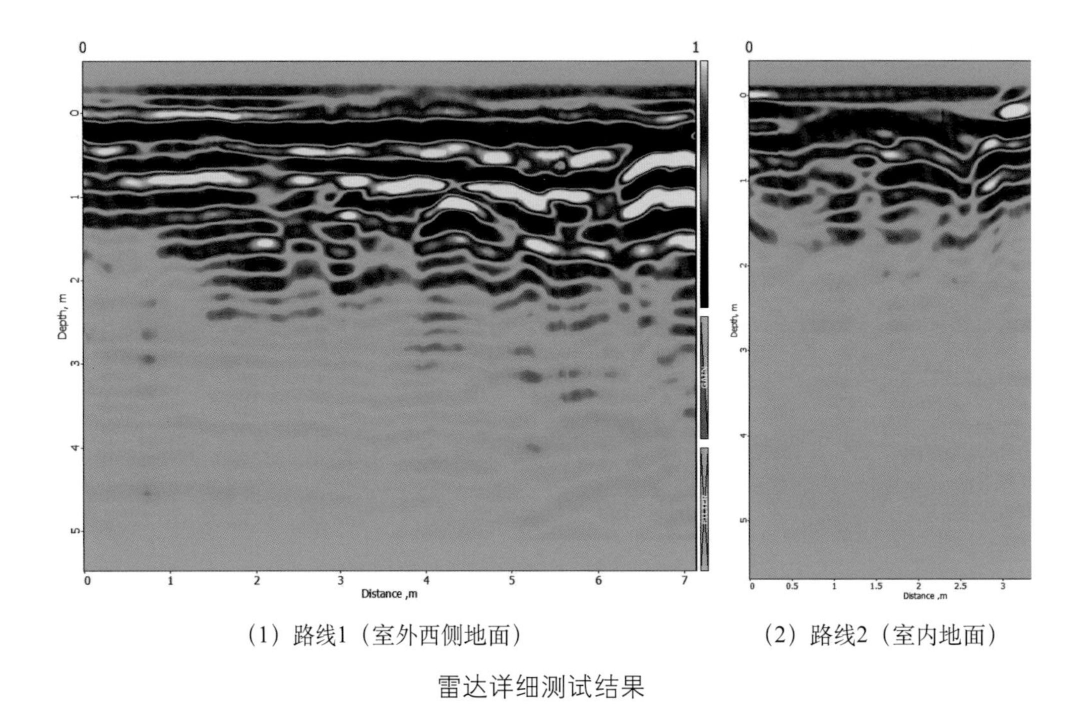

（1）路线1（室外西侧地面）　　（2）路线2（室内地面）

雷达详细测试结果

由上图路线 1 可见，室外地面雷达反射波各层同相轴不够平直，局部不连续，表明下方土层介质不够均匀，但地面下方未发现存在明显空洞等缺陷。

由上图路线 2 可见，室内地面雷达反射波各层同相轴相对比较杂乱，表明下方土层介质不够均匀，但地面下方未发现存在明显空洞等缺陷。

由于地面无法开挖与雷达图像进行比对，解释结果仅作为参考。

7. 结构振动测试

现场使用 941B 型超低频测振仪、Dasp 数据采集分析软件对结构进行振动测试，测振仪放置在二层顶板 1-2-B-C 区域，主要测试结果见下表和下图。

结构振动测试表

方向	峰值频率（赫兹）	阻尼比
东西向	4.00	2.51%
南北向	5.66	/

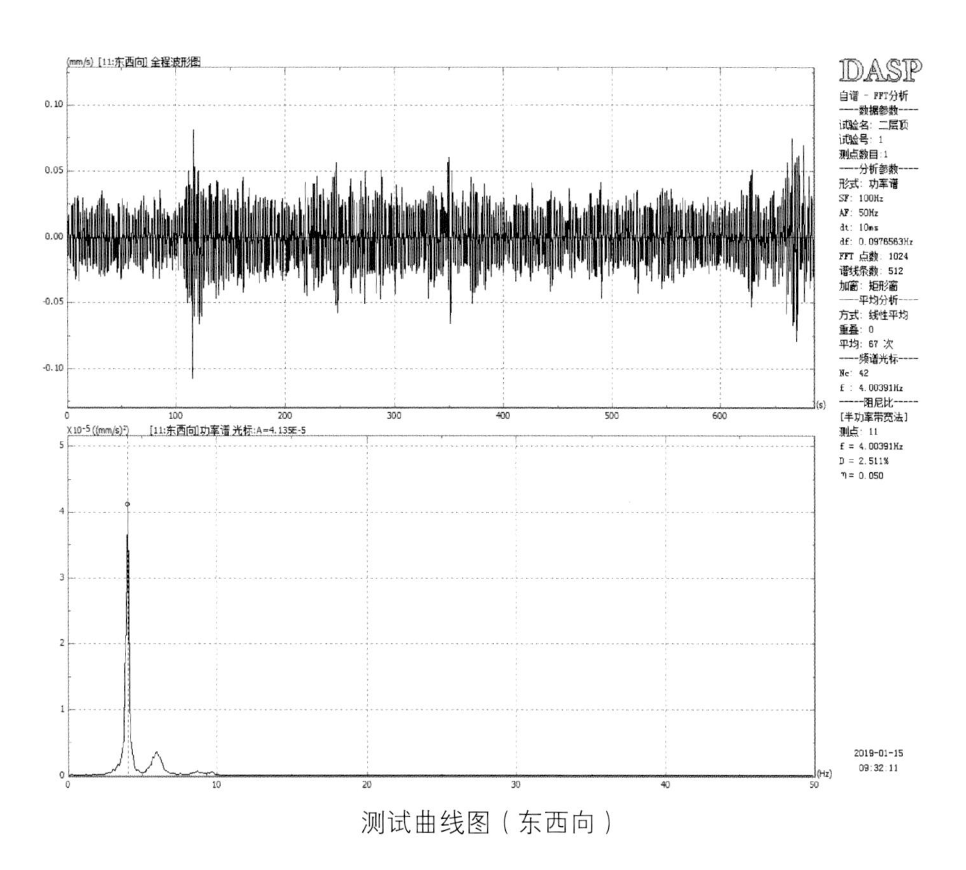

测试曲线图（东西向）

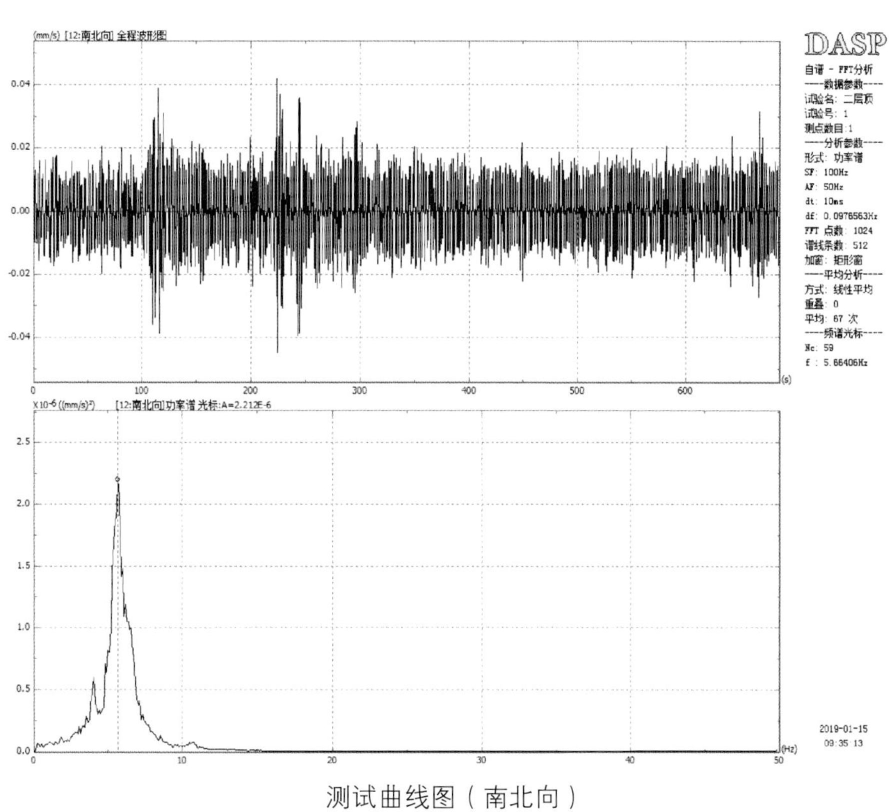

测试曲线图（南北向）

8. 墙体倾斜检测

现场测量部分墙体的倾斜程度，测量结果见下表。

依据《房屋结构综合安全性鉴定标准》（DB 11/637—2015）第 6.3.4 条规定，砌体结构多层建筑层间位移限值为 H/300（测量高度为 2000 毫米时，允许值为 6.7 毫米）。

根据测量结果，所抽检部分墙体的倾斜程度均不符合规范限值要求，现场未发现存在与倾斜相关的裂缝、局部变形或其他损坏，考虑倾斜原因主要为施工偏差、温度影响等原因所致，可观察使用。

砌体墙倾斜检测表

序号	轴线位置	倾斜方向	测斜高度（米）	偏差值（毫米）	规范限值（毫米）	结论
1	一层 1-A-B 轴墙	西（外侧）	2	15	6.7	不符合
2	一层 1-B-C 轴墙	东（内侧）	2	2	6.7	符合
3	一层 1-C-D 轴墙	/	2	0	6.7	符合
4	一层 1-E-F 轴墙	西（外侧）	2	1	6.7	符合
5	一层 1-F-G 轴墙	西（外侧）	2	4	6.7	符合
6	一层 1-G-H 轴墙	西（外侧）	2	1	6.7	符合
7	一层 2-B-C 轴墙	东（外侧）	2	9	6.7	不符合
8	一层 2-C-D 轴墙	东（外侧）	2	10	6.7	不符合
9	一层 2-E-F 轴墙	东（外侧）	2	14	6.7	不符合
10	一层 2-F-G 轴墙	东（外侧）	2	3	6.7	符合

9. 结构安全性鉴定

依据现行《房屋结构综合安全性鉴定标准》（DB11/637—2015），对现使用功能下的结构安全性进行鉴定，给出安全性的综合鉴定评级。材料强度、结构平面布置、荷载取值、计算参数等依据检测结果及现行规范。

9.1 计算模型及参数确定

依据现场检测结果，采用 PKPM 软件（PKPM2010 版，编制单位：中国建筑科学研究院 PKPM CAD 工程部），建立结构计算模型，主要参数如下：

（1）砖强度等级：MU5；砂浆强度：0.6 兆帕；混凝土强度：C15。

（2）楼屋面荷载按实际情况进行取值，具体取值见下表。

楼屋面荷载标准值取值表

类别	建筑用途	标准值
恒载	楼面面层	1.0 千牛 / 平方米
	屋面面层	5.0 千牛 / 平方米
活载	楼面	2.0 千牛 / 平方米
	上人屋面	2.0 千牛 / 平方米
风荷载	地面粗糙度类别：C 类，基本风压：0.45 千牛 / 平方米	

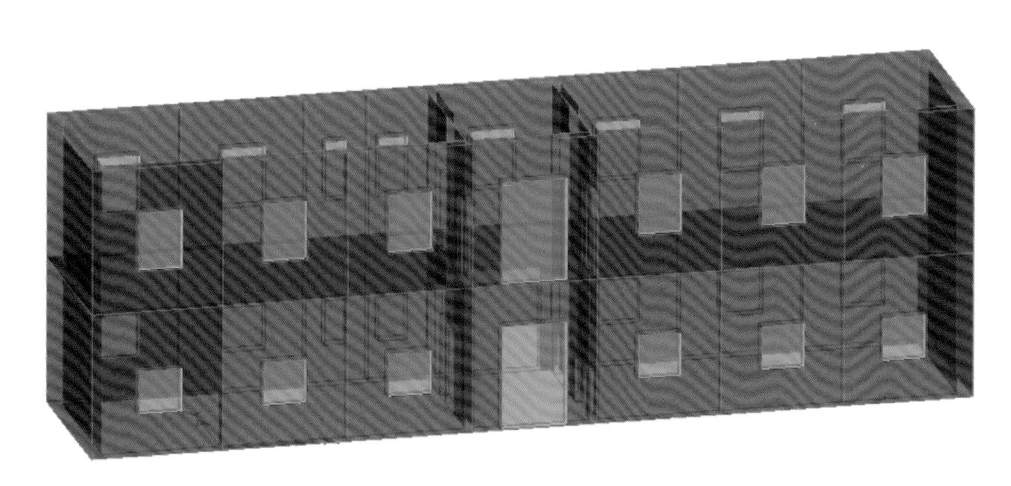

结构计算模型

9.2 安全性鉴定

地基基础安全性

因房屋已使用多年，墙体未发现因不均匀沉降导致的裂缝及倾斜，根据《房屋结构综合安全性鉴定标准》（DB11/637—2015）第 5.3.1 条、第 5.3.2 条、第 5.3.3 条，本结构地基基础安全性等级按上部结构反应的检查结果评为 A_u 级。

上部结构安全性

（1）砌体承重墙

1）承载能力：砌体墙受压验算结果见下图，2 片砌体墙承载力 $0.95<R/\gamma_0 S<1.00$，评定为 b_u 级，1 片砌体墙承载力 $0.90<R/\gamma_0 S<0.95$，评定为 c_u 级，3 片砌体墙承载力 $R/\gamma_0 S<0.90$，评定为 d_u 级，各层其他砌体墙承载力 $R/\gamma_0 S>1.00$，评定为 a_u 级。根据《房屋结构综合安全性鉴定标准》（DB11/637—2015）第 6.3.2 条、第 3.4.5 条及第 3.4.8 条，各层砌体墙的承载能力项评定为 D_u 级。

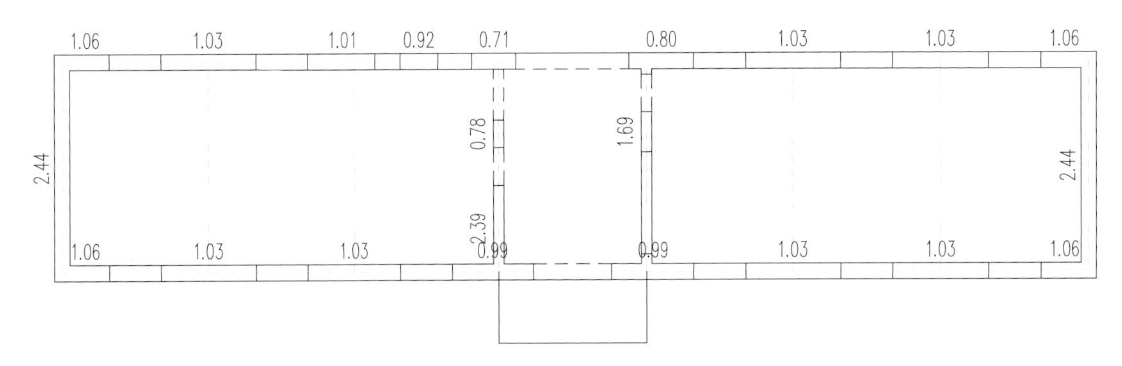

一层砌体墙受压承载力计算图（抗力与荷载效应之比）

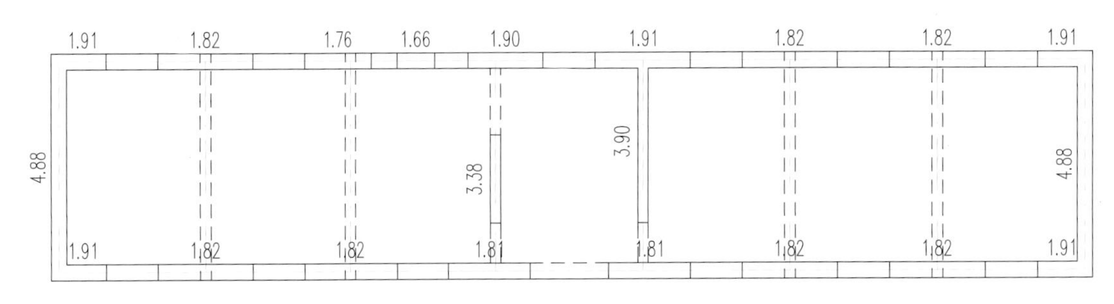

二层砌体墙受压承载力计算图（抗力与荷载效应之比）

2）构造和连接项目：经检查，原结构砌体墙的高厚比符合国家现行设计规范的要求，连接及砌筑方式正确，未发现因构造措施不当导致的连接部位开裂、变形等。根据《房屋结构综合安全性鉴定标准》（DB11/637—2015）第 6.3.3 条，砌体墙的构造和连接项评定为 a_u 级。

3）变形与损伤：经检测，部分砌体墙存在明显的裂缝及倾斜，根据《房屋结构综合安全性鉴定标准》（DB11/637—2015）第 6.3.4 条，此部分砌体墙的裂缝项评定为 c_u 级，其他砌体墙的变形与损伤项评定为 a_u 级。

根据《房屋结构综合安全性鉴定标准》（DB11/637—2015）第 6.3.1 条、第 3.4.5 条及第 3.4.8 条，砌体墙的安全性等级评为 D_u 级。

（2）混凝土楼板

经现场检查，混凝土预制板自身均未遭明显损坏，也无明显挠度变形和受力裂缝，工作基本正常。根据《房屋结构综合安全性鉴定标准》（DB11/637—2015）第 7.3 节及第 3.4.5 条，混凝土楼板的安全性等级评为 A_u 级。

（3）混凝土梁

经计算，混凝土梁承载能力均 $R/\gamma_0 S>1.0$。经现场检查，混凝土梁中钢筋存在明显锈蚀情况。根据《房屋结构综合安全性鉴定标准》（DB11/637—2015）第 7.3 节及第 3.4.5 条，混凝土梁的安全性等级评为 B_u 级。

（4）上部承重结构整体性

经现场检查，该房屋为地上二层砖混结构，结构布置基本合理，形成完整系统，结构选型及传力路线设计正确；圈梁布置不符合现行设计规范要求，根据《房屋结构综合安全性鉴定标准》（DB11/637—2015）第 3.4.4 条，该房屋结构整体性等级评为 C_u 级。

（5）上部承重结构安全性评级

根据《房屋结构综合安全性鉴定标准》（DB11/637—2015）第 3.4.2 条，上部承重结构的安全性等级评为 D_u 级。

鉴定单元安全性评级

综合地基基础与上部承重结构的安全性评级，根据《房屋结构综合安全性鉴定标准》（DB11/637—2015）第 3.4 节，评定该房屋的安全性等级为 D_{su} 级，安全性极不符合国家现行标准规范的安全性要求，已严重影响整体安全性能。

10. 结构抗震鉴定

根据《房屋结构综合安全性鉴定标准》（DB11/637—2015），对现使用功能下的结构抗震能力进行鉴定，给出鉴定单元抗震能力的综合鉴定评级。

10.1 地基基础抗震能力鉴定

本房屋建筑所在场地为建筑抗震一般地段，根据《房屋结构综合安全性鉴定标准》（DB11/637—2015）第 5.4.5 条，地基基础抗震能力等级评为 A_e 级。

10.2 上部结构抗震能力鉴定

抗震措施鉴定

根据《建筑抗震鉴定标准》（GB 50023—2009）对该结构的抗震构造措施进行鉴定。本结构建于20世纪10年代，按后续使用年限30年考虑，确定本建筑为A类建筑；根据国家标准《建筑抗震设防分类标准》确定本建筑抗震设防类别为丙类；本地区设防烈度为8度，按照8度的要求检查其抗震措施。检查结果如下表所示。

结构不满足要求或超出规范限值的主要项目如下：

（1）墙体局部存在明显酥碱，不满足标准要求。

（2）承重墙及其交接部位存在明显裂缝，不满足标准要求。

（3）木楼、屋盖构件存在明显腐朽，不满足标准要求。

（4）一层顶为木楼盖，抗震横墙最大间距超限，不满足标准要求。

（5）砖强度等级及砂浆强度等级过低，不满足标准要求。

（6）一层顶未设置圈梁，不满足标准要求。

（7）承重门窗间墙最小宽度小于1.0米，不满足标准要求。

房屋抗震构造措施检查表

1. 基本信息			
墙体（材料）类别	烧结黏土实心砖	墙体厚度（毫米）	240毫米～360毫米
（一）一般规定			
外观质量	墙体空臌、严重酥碱和明显闪歪		■有　□无
	支承大梁、屋架的墙体存在竖向裂缝，承重墙、自承重墙及其交接部位存在明显裂缝		■有　□无
	木楼、屋盖构件明显变形、腐朽、蚁蛀和严重开裂		■有　□无
	混凝土梁柱及其节点开裂或局部剥落，钢筋露筋、锈蚀		□有　■无
	主体结构混凝土构件明显变形、倾斜和歪扭		□有　■无
（二）上部主体结构			
2.1 结构体系			
项目	结果	8度标准限值	
横墙数量	□一般 □较少 ■很少	横墙较少：开间>4.2米房间占本层总面积40%以上； 横墙很少：开间≤4.2米房间占本层总面积20%以下，且开间>4.8米房间占本层总面积50%以上。	

续表

项目	结果	8 度标准限值
房屋高度是否超限	□超限 ■未超限	普通砖≥ 240 毫米：19 米。
房屋层数是否超限	□超限 ■未超限	普通砖≥ 240 毫米：六层。
层高是否超限	□超限 ■未超限	普通砖和 240 毫米厚多孔砖房屋层高不宜超过 4 米
房屋实际高宽比是否超限（房屋宽度不包括外走廊宽度）	□超限 ■未超限	高宽比不宜大于 2.2
抗震横墙最大间距是否超限值	■超限 □未超限	现浇或装配整体式楼盖：砖实心墙 15 米 装配式混凝土屋盖：砖实心墙 11 米 木、砖拱：砖实心墙 7 米 注：一层木楼盖，横墙间距超限
墙体布置规则性	■满足 □不满足	质量刚度沿高度分布较规则均匀，楼层的质心和计算刚心基本重合或接近
跨度不小于 6 米的大梁是否由独立砖柱承重	■满足 □不满足	跨度不小于 6 米的大梁，不宜由独立砖柱承重
楼、屋盖是否适宜	□满足 ■不满足	教学楼、医疗用房等横墙较少、跨度较大的房间，宜为现浇或装配整体式楼、屋盖 注：一层木楼盖，不满足

2.2 承重墙体材料的实际强度等级

项目	实际强度等级
砖、砌块及砌筑砂浆强度等级	砖强度等级：<MU7.5 砖强度等级：砂 0.6 兆帕

砖强度等级不宜低于 MU7.5，且不低于砌筑砂浆强度等级。	□满足　■不满足
墙体的砌筑砂浆强度等级不应低于 M1；砌块墙体不应低于 M2.5	□满足　■不满足
构造柱、圈梁实际达到的混凝土强度等级不宜低于 C15	/

3. 整体性连接构造

3.1 纵横墙交接处连接

墙体平面内布置应闭合	■满足　□不满足
纵横墙连接处墙体内无烟道、通风道等竖向孔道	■满足　□不满足

4. 圈梁

项目	要求	结果
屋盖外墙	均应有	□满足　■不满足
屋盖内墙	纵横墙上圈梁的水平间距分别不应大于 8 米和 12 米	□满足　■不满足

续表

楼盖外墙	横墙间距大于 8 米时每层应有，横墙间距不大于 8 米层数超过三层时，应隔层有层	□满足 ■不满足
楼盖内墙	同外墙，且圈梁的水平间距不应大于 12 米	□满足 ■不满足
5. 局部易倒塌部位		
承重门窗间墙最小宽度不宜小于 1.0 米		□满足 ■不满足 注：2-C-D、1-2-D 墙体不满足
承重外墙尽端至门窗洞边最小距离不宜小于 1.0 米		■满足 □不满足

抗震宏观控制

本结构主体为地上二层砌体结构，房屋层数、整体性连接构造符合现行国家标准《建筑抗震鉴定标准》（GB50023—2009）的要求，地基基础与上部结构相适应，房屋构件实际材料强度不符合《建筑抗震鉴定标准》（GB50023—2009）的要求。根据《房屋结构综合安全性鉴定标准》（DB11/637—2015）第 6.4.6 条，考虑结构已采取抗震加固措施，本结构的抗震宏观控制等级评为 C_{e2}。

抗震承载力

根据《房屋结构综合安全性鉴定标准》（DB11/637—2015）第 6.4.3 条，综合抗震承载力按楼层综合抗震能力指数进行评价。各楼层综合抗震能力指数计算统计结果见下表，各楼层的墙段抗震能力指数计算结果见下图。图表中纵向为东西向，横向为南北向。

根据《房屋结构综合安全性鉴定标准》（DB11/637—2015）第 6.4.3 条、第 6.4.4 条，上部结构的综合抗震承载力评级为 D_{e1} 级。

楼层综合抗震能力指数表

方向	层号	ξ_{0i}	λ	Ψ_1	Ψ_2	综合抗震能力指数 β_{ci}
纵向	一层	0.0401	2.0	1.0	0.9	1.36
横向	一层	0.0334	2.0	1.0	0.9	0.71
纵向	二层	0.0420	2.0	1.0	0.9	1.52
横向	二层	0.0302	2.0	1.0	1.0	0.96

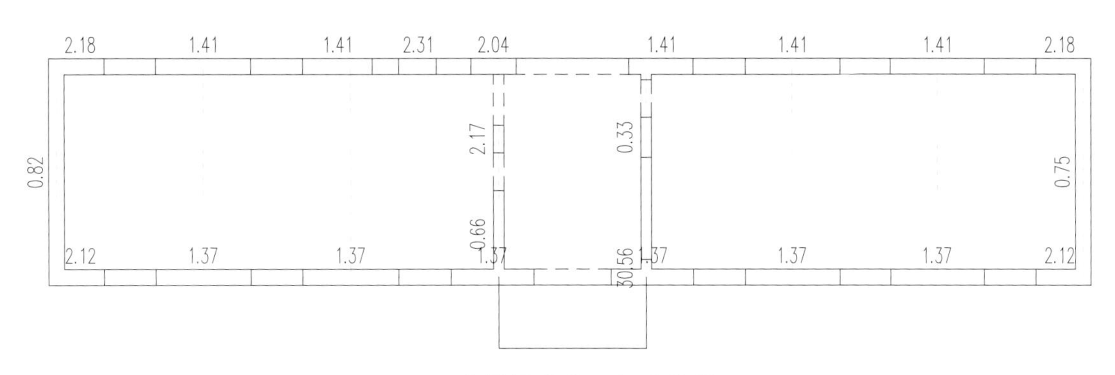

一层砌体墙段抗震能力指数

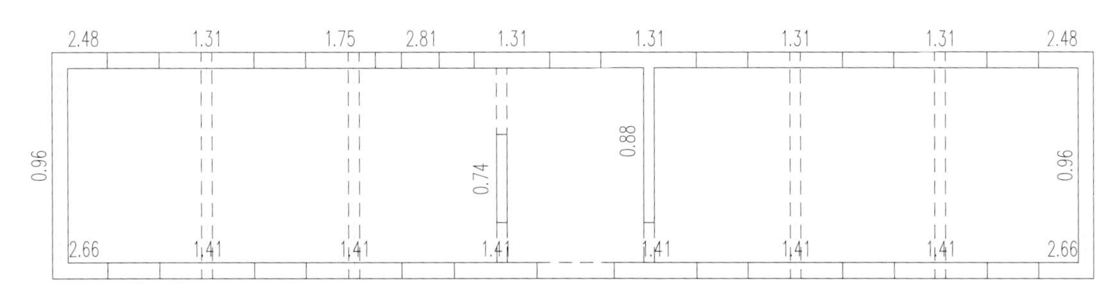

二层砌体墙段抗震能力指数

10.3 鉴定单元抗震能力评级

综合地基基础与上部结构的抗震能力评级，根据《房屋结构综合安全性鉴定标准》（DB11/637—2015）第 3.5 节，评定该房屋的抗震能力等级为 D_{se} 级，抗震能力严重不符合现行国家标准《建筑抗震鉴定标准》（GB50023—2009）和《房屋结构综合安全性鉴定标准》（DB11/637—2015）的抗震能力要求，严重影响整体抗震性能，必须采取整体加固或拆除重建等措施。

11. 综合安全性鉴定评级

根据《房屋结构综合安全性鉴定标准》（DB11/637—2015）第 3.6 节，评定该房屋的综合安全性等级为 D_{eu} 级。

12. 工程处理建议

（1）建议对承载力不足及开裂的墙体进行加固修复处理。墙体可采用面层和板墙加固等方式，对已开裂的墙体可先采用压力灌浆修补。

（2）建议对台阶阶条石进行修复处理。

（3）建议对存在风化的墙体表面进行修复处理，并采取相应的化学保护措施。

（4）建议对开裂的混凝土檐部进行修复加固处理。

（5）鉴于一层木顶板存在渗漏及局部缺失，建议对一层木顶板进行修复替换处理。

（6）鉴于木楼梯残损较多，建议对木楼梯进行修复替换处理。

（7）鉴于混凝土构件中钢筋存在明显锈蚀，有条件可对混凝土梁板构件进行加固处理，并采取相应的防锈处理措施。

第四章　自来水博物馆结构安全检测

1. 建筑概况

北京自来水博物馆位于东直门北大街清水苑社区。本次检测鉴定的范围为蒸汽机房、烟囱、来水亭、聚水井。

由于以上结构外观目前均出现了不同程度的缺陷及损伤，为掌握各结构的性能状况，委托我司对其进行结构检测鉴定，并提出工程处理建议，为后续工作提供依据。

2. 检测鉴定依据与内容

2.1 检测鉴定依据

（1）甲方提供的相关技术资料；

（2）《建筑结构检测技术标准》（GB/T 50344—2004）；

（3）《砌体工程现场检测技术标准》（GB/T 50315—2011）；

（4）《混凝土中钢筋检测技术规程》（JGJ/T 152—2008）；

（5）《回弹法检测混凝土抗压强度技术规程》（JGJ/T 23—2011）；

（6）《工业建筑可靠性鉴定标准》（GB 50144—2008）；

（7）《近现代历史建筑结构安全性评估导则》（WW/T 0048—2014）；

（8）《建筑结构荷载规范》（GB50009—2012）等。

2.2 检测鉴定内容

（1）结构体系检查；

（2）构件外观质量检查；

（3）构件材料强度抽样检测；

（4）构件倾斜状况抽样检测；

（5）结构安全性鉴定；

（6）根据检测鉴定结果，提出工程处理建议。

3. 蒸汽机房

3.1 建筑概况

蒸汽机房建于1908年，为单层厂房，砖墙承重，墙体采用红砖，墙垛采用青砖，白灰。屋面为角钢屋架，彩钢屋面板。本房屋宽约20米，长约40米，建筑面积约800平方米；本房屋东西两侧檐部标高9.0米，房脊标高约12.0米，角钢屋架下部标高7.8米。

结构外立面照片见下图。

蒸汽机房东侧外观现状照片

蒸汽机房西侧外观现状照片

蒸汽机房南侧外观现状照片

蒸汽机房北侧外观现状照片

蒸汽机房顶部外观现状照片

详细测绘图纸见下图。

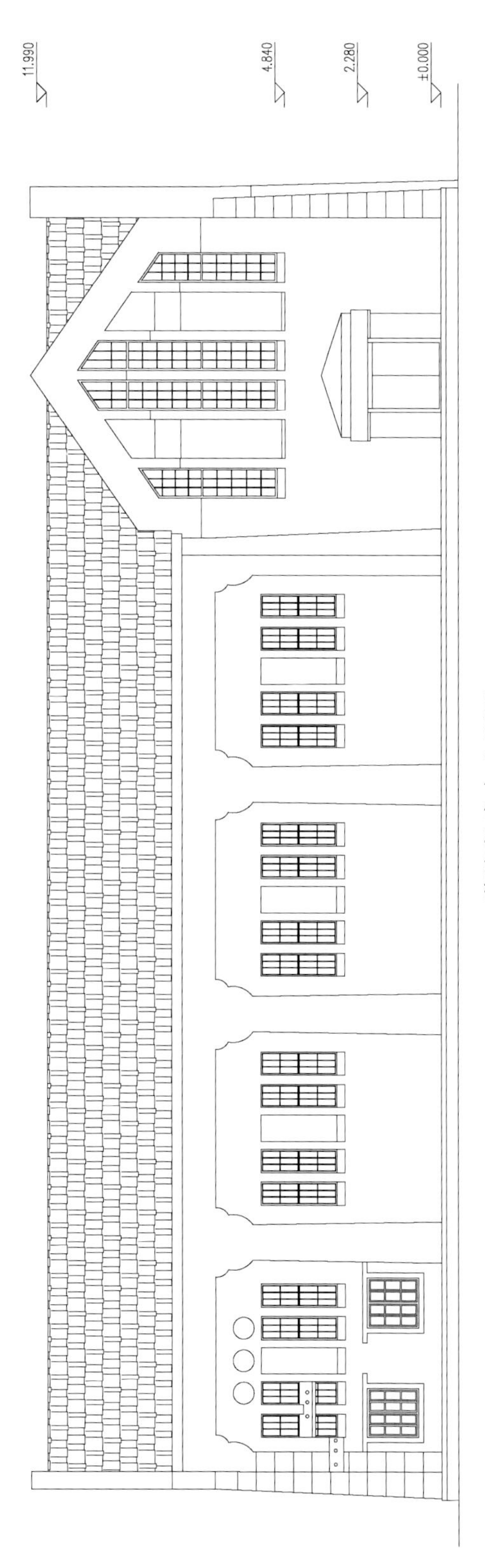

蒸汽机房东立面图

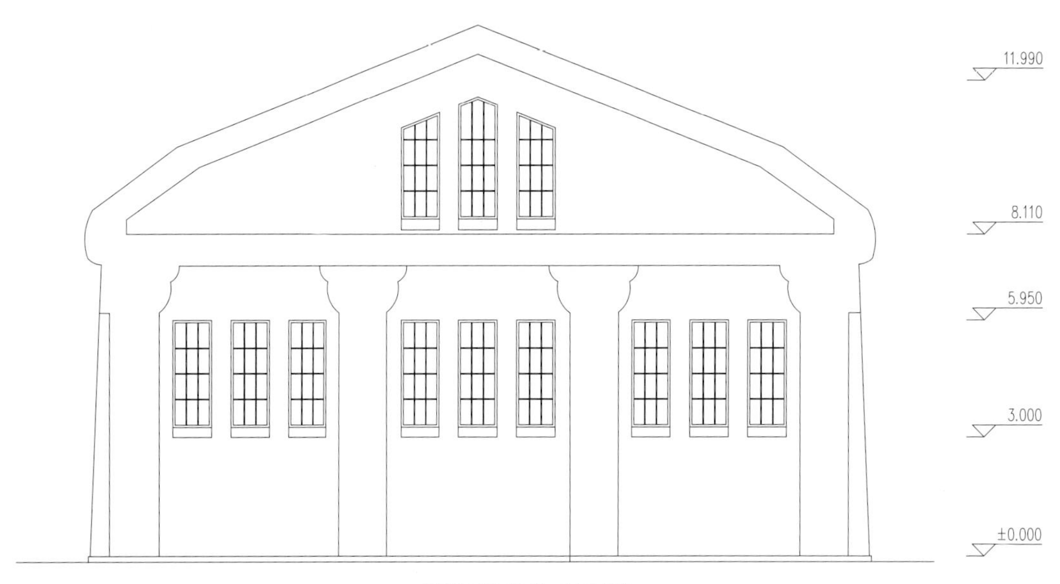

蒸汽机房北立面图

蒸汽机房南立面图

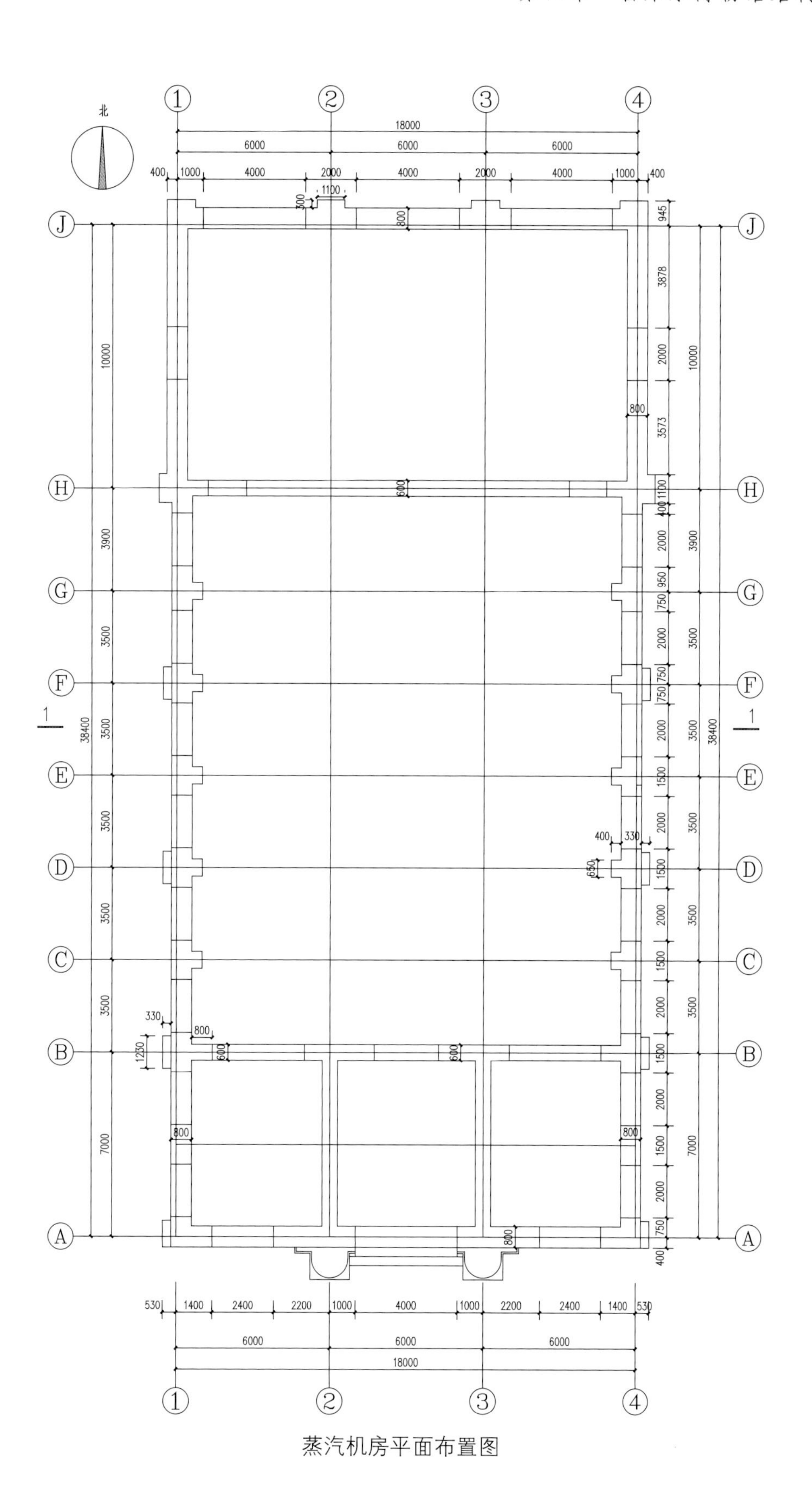
北
①
②
③
④
18000
6000
6000
6000
400
1000
4000
2000
4000
2000
4000
1000
400
1100
300
800
945
3878
2000
3573
10000
J
H
G
F
E
D
C
B
A
600
1100
400
3900
2000
950
750
3500
1
38400
1500
400
330
650
330
1230
7000
800
530
1400
2400
2200
1000
4000
1000
2200
2400
1400
530

蒸汽机房平面布置图

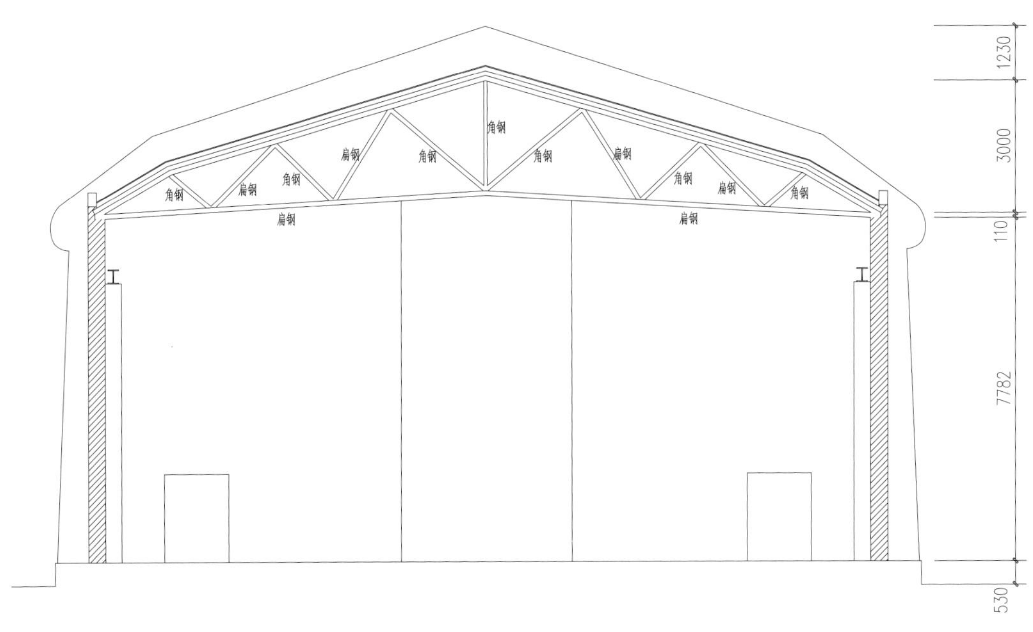

蒸汽机房 1-1 剖面图

3.2 构件外观质量检查

现场对该房屋具备检查条件的结构构件进行了外观质量检查，构件外观质量检查结果见下表，检查结果表明：

构件外观质量检查表

层号	缺陷位置	检查结果
1	1-J 墙	西北角檐头抹灰层脱落
1	1-3-J 墙	北侧外墙抹灰层脱落
1	4-H-J 墙	东北侧门洞挑檐钢筋锈蚀
1	4-H-J 墙	东侧窗下竖向开裂，长度 1.8 米，w_{max}=1.0 毫米
1	2-A 墙	南侧柱础抹灰脱落
1	2-3-A 墙	南侧门洞上部抹灰脱落
1	1-A 墙	西南角檐头抹灰脱落
1	1-4-F-H 顶棚	顶棚局部抹灰层脱落
1	3-4-A-B 顶棚	南侧顶棚开裂、抹灰脱落

西北角檐头抹灰层脱落

北侧外墙抹灰层脱落

东北侧门洞挑檐钢筋锈蚀

东侧窗下竖向开裂

南侧柱础抹灰脱落

南侧门洞上部抹灰脱落

西南角檐头抹灰脱落

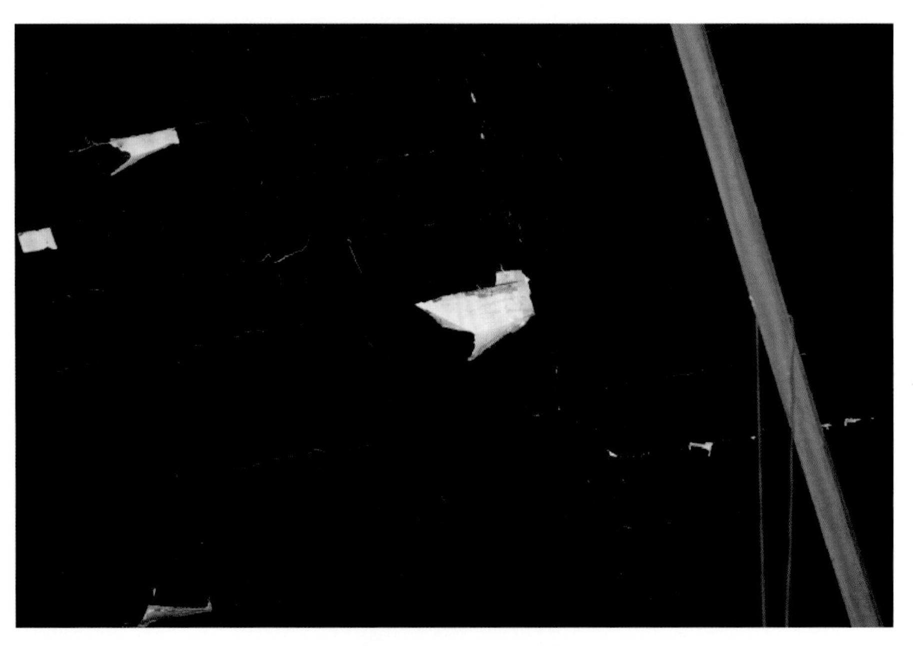

顶棚局部抹灰层脱落

南侧顶棚开裂、抹灰脱落

3.3 构件材料强度检测

砖抗压强度检测

依据《砌体工程现场检测技术标准》（GB/T 50315—2011），采用回弹法对该结构砌体墙砖抗压强度进行检测并评定强度等级。砖抗压强度回弹法检测结果见下表。

检测结果表明：砖强度等级推定为 <MU7.5，承载力验算时砖强度建议按 MU5.0 取值。

砖抗压强度回弹检测表

结构	平均值（兆帕）	标准差（兆帕）	变异系数	标准值（兆帕）	最小值（兆帕）	推定等级
蒸汽机房	7.2	2.70	0.38	2.3	4.6	<MU7.5

砂浆强度检测

依据《贯入法检测砌筑砂浆抗压强度技术规程》（JGJ/T 36—2017），采用贯入法对该结构砌体墙砌筑砂浆抗压强度进行检测并进行强度评定。检测结果见下表。

检测结果表明：所抽检砌体墙砌筑砂浆抗压强度值为 0.80 兆帕～4.60 兆帕，推定值为 1.1 兆帕。

砌筑砂浆强度检测表

结构	编号	轴线编号	砂浆测区强度值（兆帕）	检测结果统计值（兆帕）
蒸汽机房	1	1–B–C	1.10	平均值：1.7 最小值 /0.75：1.1
	2	4–H–I	1.00	
	3	1–2–I	0.80	
	4	1–A	4.60	
	5	1–B–C	1.30	
	6	1–D–E	1.30	

3.4 倾斜检测

现场对该结构的砌体墙倾斜进行了抽查检测。依据《近现代历史建筑结构安全性评估导则》（WW/T 0048—2014）第 7.3.2.3 条关于砌体结构构件变形规定：砌体构件变形限值为 0.6%。

检测结果见下表，检测结果表明：所抽检墙体变形符合规范要求。

砌体墙倾斜抽查检测表

结构	轴线位置	倾斜方向	测斜高度（米）	偏差值（毫米）	倾斜率	结论
蒸汽机房	4–B 墙	西	2	7	0.35%	符合
	4–D 墙	西	2	4	0.20%	符合
	4–F 墙	西	2	4	0.20%	符合
	4–H 墙	西	2	6	0.30%	符合
	3–J 墙	北	2	1	0.05%	符合
	2–J 墙	南	2	0	0.00%	符合
	1–B 墙	东	2	2	0.10%	符合
	1–D 墙	东	2	4	0.20%	符合
	1–F 墙	东	2	3	0.15%	符合

3.5 结构振动测试

现场使用 941B 型超低频测振仪、Dasp 数据采集分析软件对结构进行振动测试，蒸汽机房测振仪放置在东侧窗台上（标高 4.84 米），主要测试结果见下表和下图。

结构振动测试表

结构	方向	峰值频率（赫兹）	阻尼比
蒸汽机房	东西向	4.1	3.47%
	南北向	4.3	/

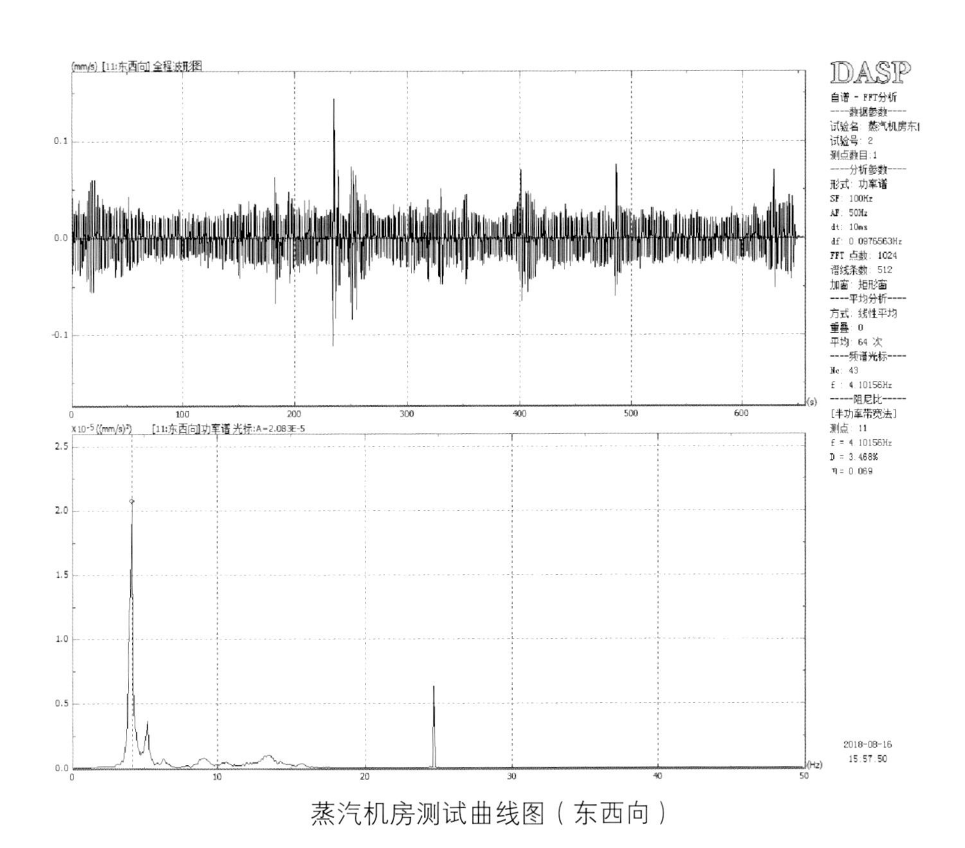

蒸汽机房测试曲线图（东西向）

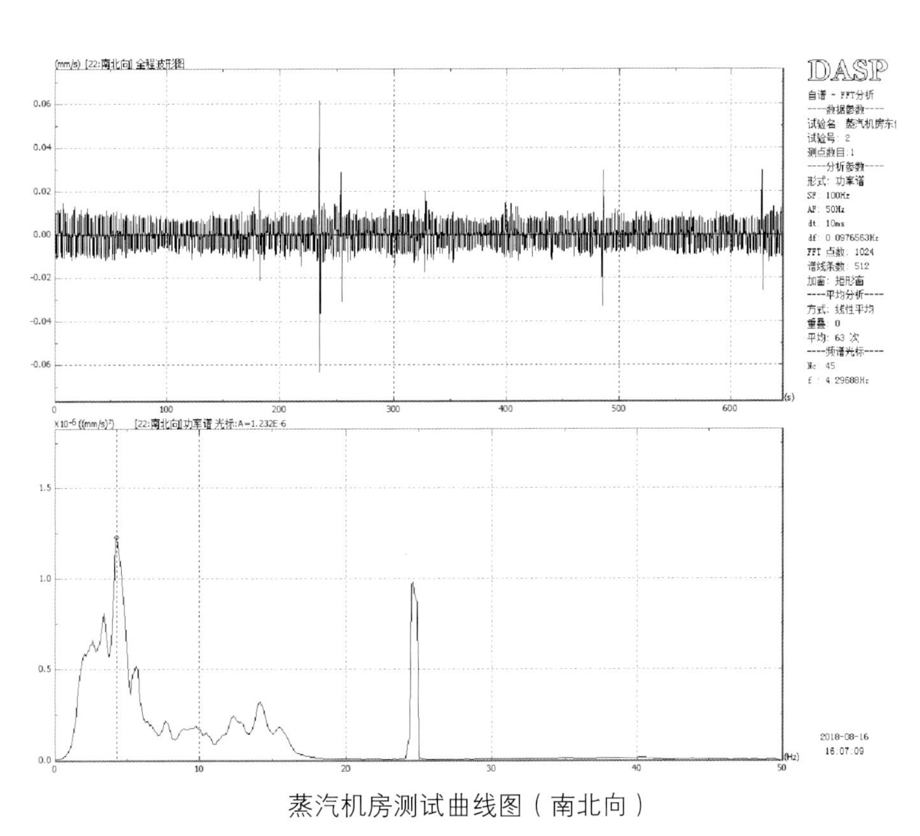

蒸汽机房测试曲线图（南北向）

自振频率是由质量和刚度共同决定的，其中，建筑平面体型、墙体布置、结构内部损伤等因素会影响结构的刚度。

目前，对于此类结构的振动测试结果暂无明确评定依据，依据相关工程经验，未发现存在明显异常。

3.6 地基基础雷达探查

采用地质雷达对结构地基基础进行探查。雷达天线频率为 300 兆赫，雷达扫描路线示意图及雷达详细测试结果见下图。

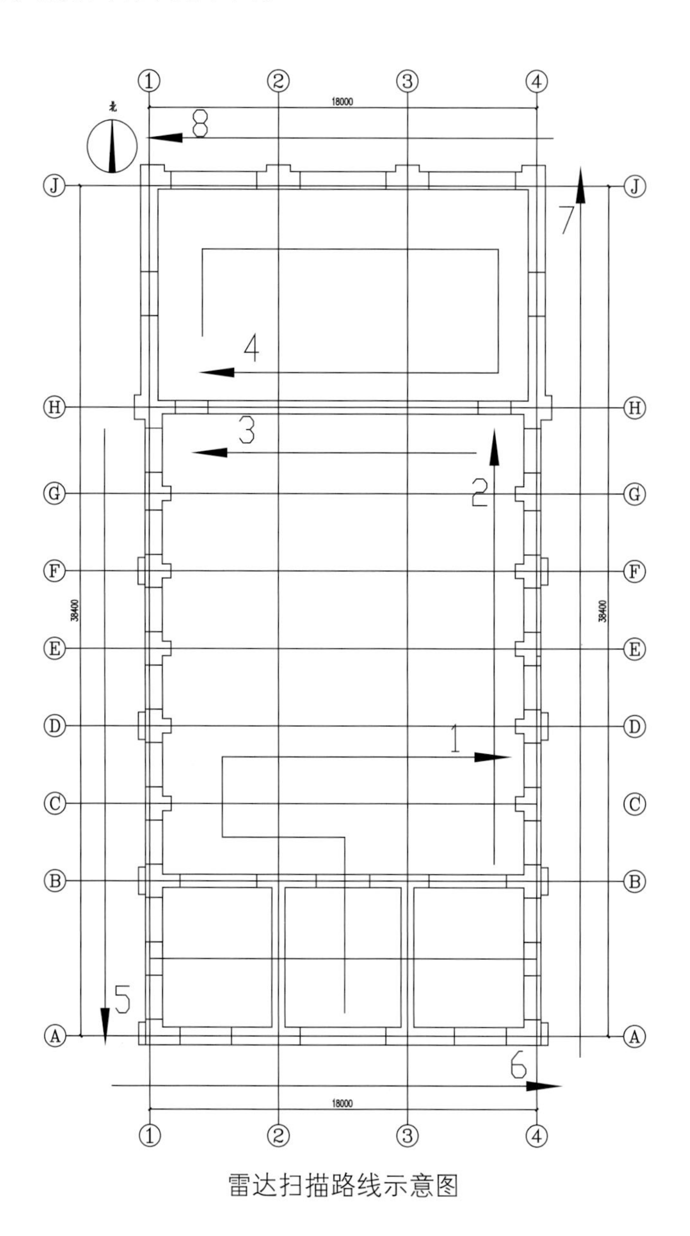

雷达扫描路线示意图

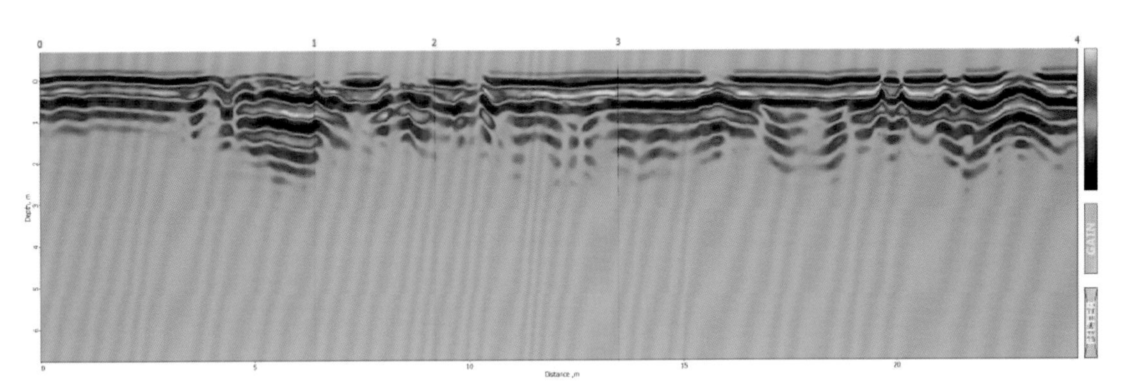

路线 1 雷达扫描测试图

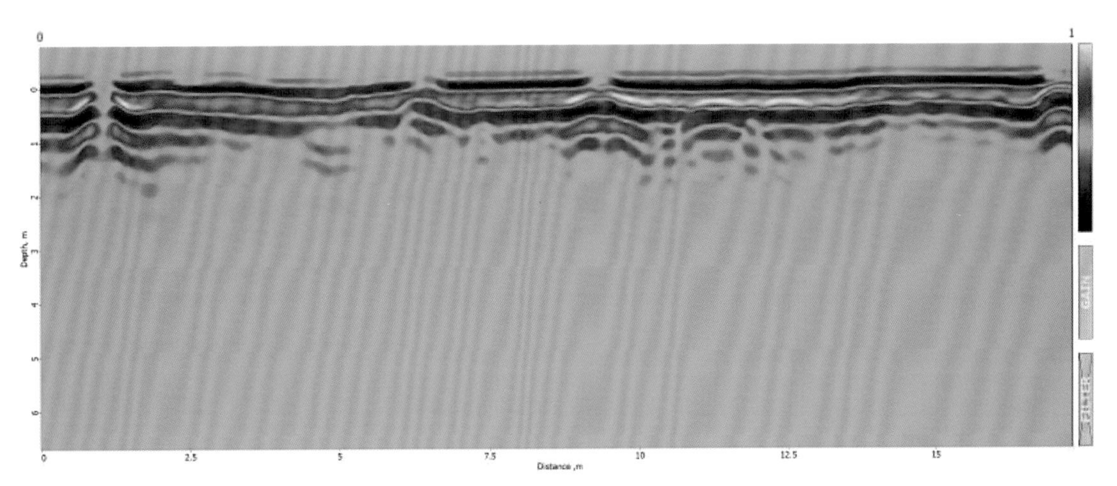

路线 2 雷达扫描测试图

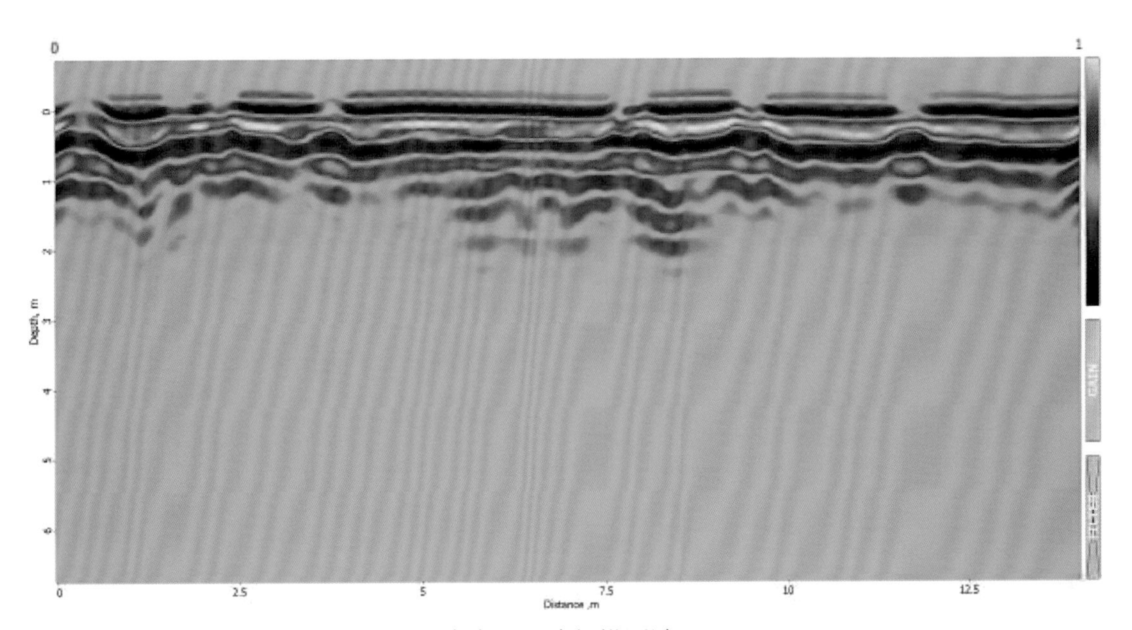

路线 3 雷达扫描测试图

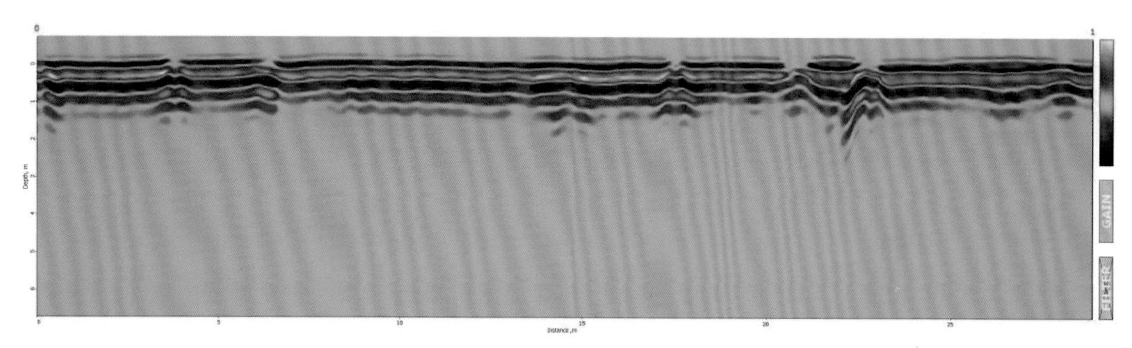

路线 4 雷达扫描测试图

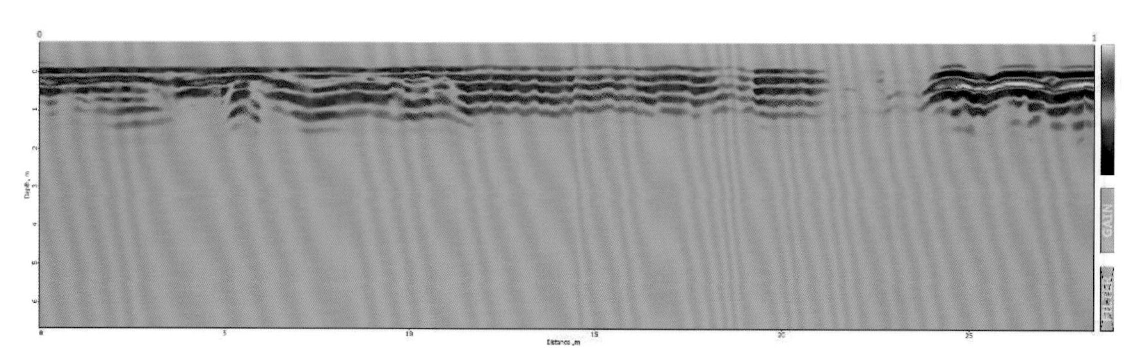

路线 5 雷达扫描测试图

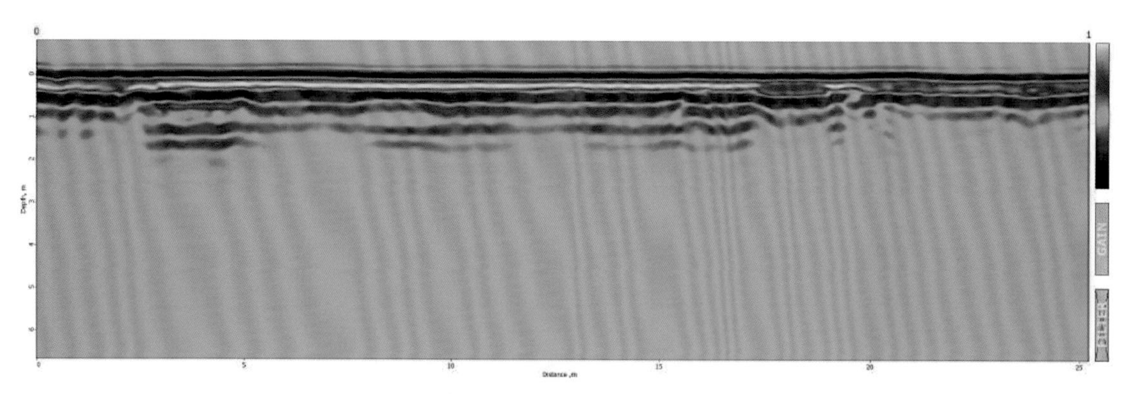

路线 6 雷达扫描测试图

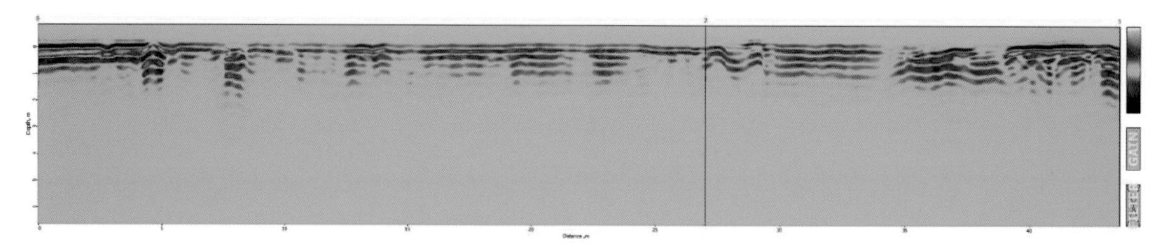

路线 7 雷达扫描测试图

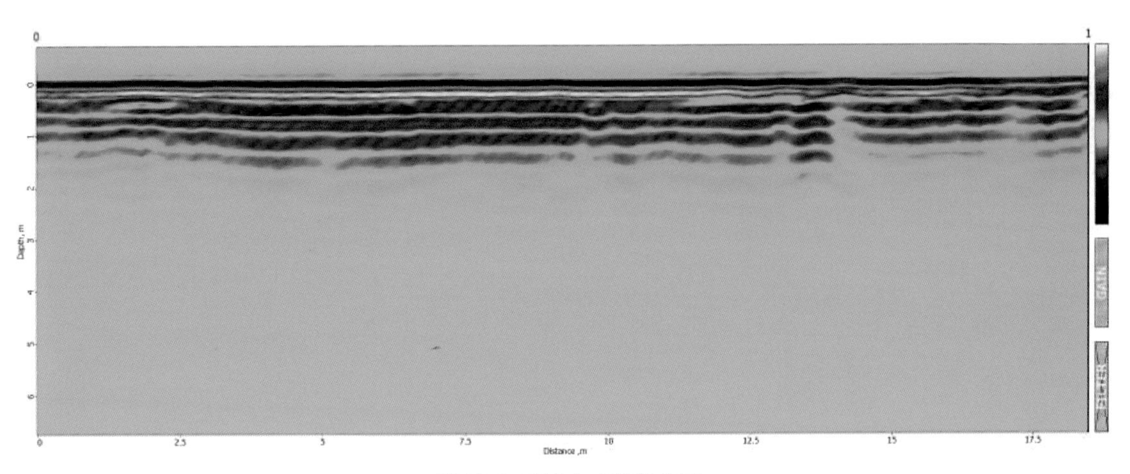

路线 8 雷达扫描测试图

由上图路线 1～路线 5 可见，室内地面雷达发射波相对比较杂乱，局部存在弧形反射波，表明下方存在管道及孔洞等情况，经查，本结构下方存在地下室，但目前不具备进入检测条件，地面未发现存在明显开裂及变形等缺陷，室内地面安全状况基本良好。

由上图路线 6～路线 8 可见，室外地面雷达发射波比较类似，基本平直连续，地面下方未发现存在明显空洞等缺陷。

由于地面无法开挖与雷达图像进行比对，解释结果仅作为参考。

3.7 蒸汽机房结构安全性鉴定

评定方法和原则

根据《近现代历史建筑结构安全性评估导则》WW/T 0048—2014，近现代历史建筑的结构安全性评估应分成地基基础、上部结构（包括围护结构）两个组成部分分别进行评估，每个组成部分应按规定分一级评估、二级评估两级进行。

（1）层次划分：

近现代历史建筑的结构安全性评估应按构件、组成部分、整体三个层次进行，从第一个层次开始，分层进行：1）根据构件各检查项目评定结果，确定单个构件安全性等级；2）根据构件的评定结果，确定组成部分安全性等级；3）根据组成部分的评定结果，确定整体安全性等级。

（2）评估原则：

近现代历史建筑结构安全性评估分为一级评估和二级评估。一级评估包括结构损伤状况、材料强度、构件变形、节点及连接构造等；二级评估为结构安全性验算。一级评估符合要求，可不再进行二级评估，评定构件安全性满足要求。一级评估不符合要求，评定构件安全性不满足要求，且应进行二级评估。二级评估应依据一级评估结果，建立整体力学模型，进行整体结构力学分析，并在此基础上进行结构承载力验算。

结构安全性等级评估

（1）地基基础构件安全性评估

经检查，未发现地基基础存在影响上部结构安全的不均匀沉降裂缝和明显变形，经雷达勘察，未发现地基存在空洞等缺陷，因此，地基基础部分的安全性评为 a 级。

（2）上部结构构件安全性评估

1）构件的一级评估

砌体结构的检测勘察应包括砌体的外观质量、材料强度、变形、裂缝、构造等 5 个项目，任一项目不满足一级评估，则应进行二级评估。

①外观质量

砌体墙多处出现抹灰脱落，其承重的有效面积未出现明显削弱，本项满足一级评估。

②材料强度

经检测，砖强度等级推定为 <MU7.5，不满足规范 MU10 的要求；砌筑砂浆抗压强度推定值为 1.1 兆帕，不满足规范 M1.5 的要求，本项不满足一级评估。

③变形

经检测，砌体墙柱倾斜率未超规范 0.6% 的要求，本项满足一级评估。

④裂缝

经检测，东侧窗下 4-H-J 墙竖向开裂，长度 1.8 米，w_{max}=1.0 毫米，本项不满足一级评估。

⑤构造

经检查，本结构墙、柱的高厚比符合国家现行设计规范的要求；连接及砌筑方式正确，主要构造基本符合国家现行设计规范要求，仅有局部的表面缺陷，工作无异常。本项满足一级评估。

2）构件的二级评估

依据现行《近现代历史建筑结构安全性评估导则》WW/T 0048—2014，对结构承载力进行验算。材料强度、结构平面布置、荷载取值、计算参数等依据检测结果及现行规范。

①计算模型及参数确定

依据现场检测结果，采用 PKPM 软件（PKPM2010 版，编制单位：中国建筑科学研究院 PKPM CAD 工程部），建立结构计算模型，主要参数如下：

a. 砖强度等级：MU5；砂浆强度：1.1 兆帕。

b. 屋面荷载按实际情况并参照规范进行取值，具体取值见下表。

c. 建模时将上下相邻的洞口及水平距离较近的洞口合并为一个大洞口。

屋面荷载标准值取值表

类别	建筑用途	标准值（千牛 / 平方米）
恒载	屋面	0.5
活载	非上人屋面	0.5
风荷载	地面粗糙度类别：C 类，基本风压：0.45 千牛 / 平方米	

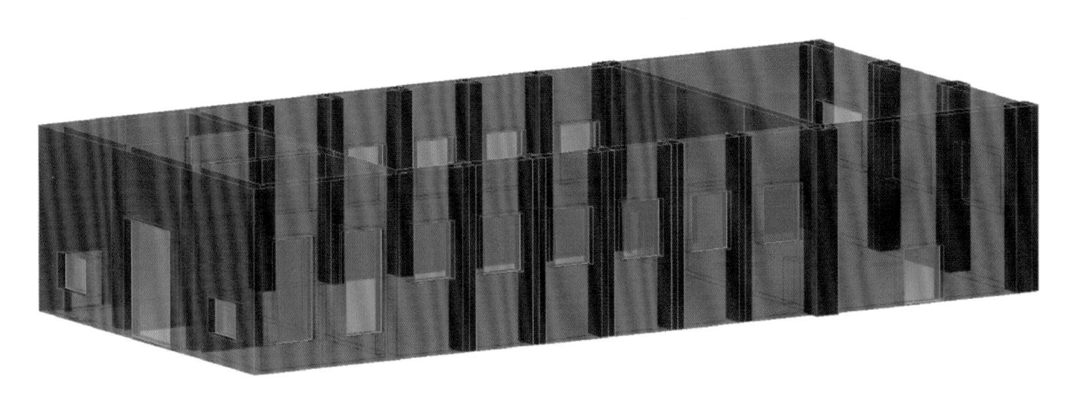

结构计算模型

②承载力验算结果

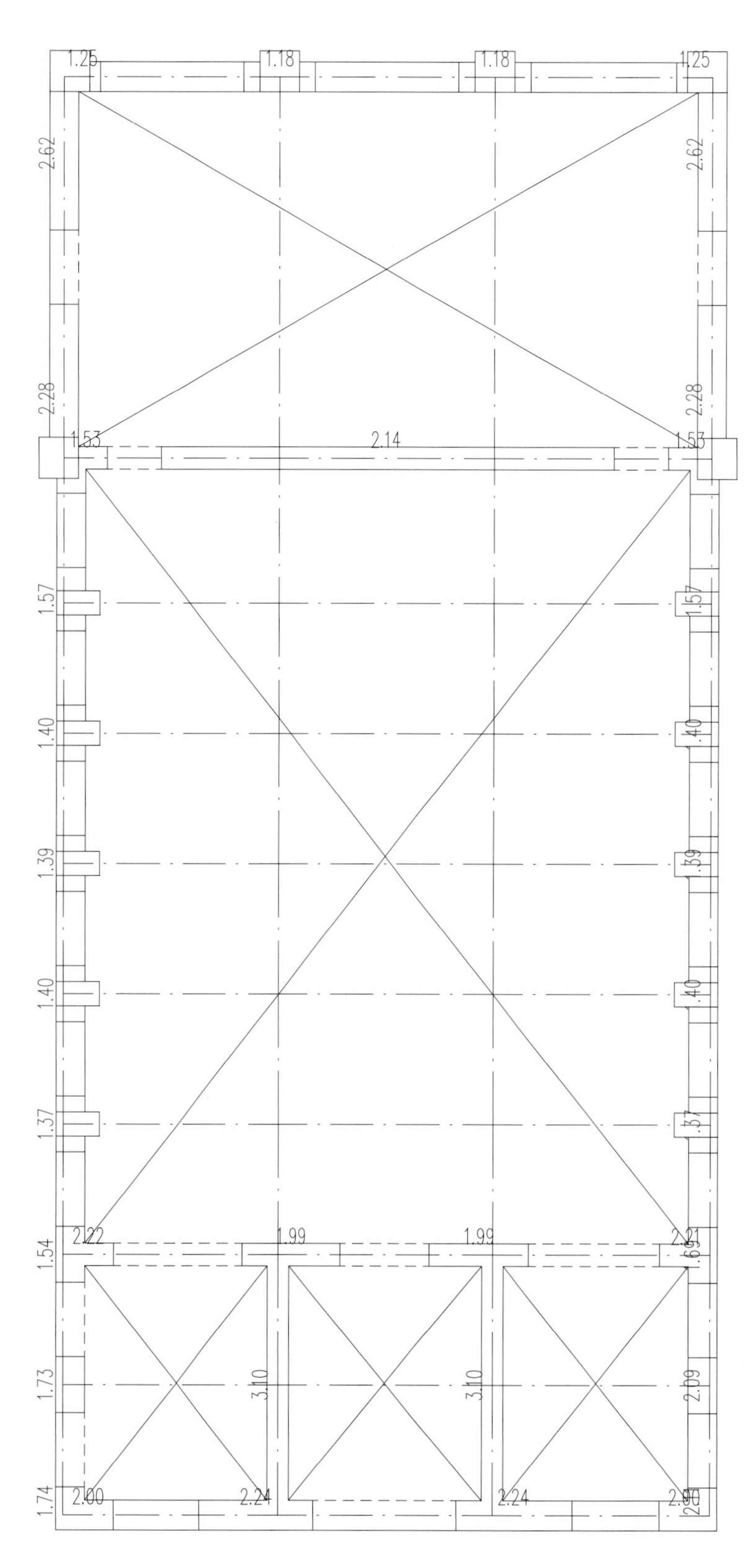

砌体墙受压验算结果

经计算，砌体墙承载力满足规范要求。

3）上部结构安全性综合评估

综上，根据规范 WW/T 0048—2014 第 8.4 节，上部结构安全性等级评定为 b 级。

（3）建筑整体安全性等级评估

综合地基基础与上部结构的安全性评级，根据《近现代历史建筑结构安全性评估导则》WW/T 0048—2014 第 8.4 节，评定该房屋的安全性等级为 B 级，整体安全性基本满足要求，有极少数构件需要采取措施。

3.8 处理建议

（1）建议对存在抹灰层剥落的墙面进行修复处理，防止继续掉落伤人。

（2）建议对东侧门洞挑檐存在露筋的部位进行加固修复处理。

（3）建议对东侧窗下开裂处进行加固修复处理。

（4）建议对存在开裂及抹灰层脱落的顶棚进行修复处理。

4. 烟囱

4.1 建筑概况

烟囱建于 1908 年，下方为方形基座，基座宽度 4.45 米，高度 3.24 米；上方为烟囱筒体，八角造型，烟囱顶部标高 28.26 米；烟囱上部筒壁厚度约 280 毫米，下部筒壁厚度及基座墙体厚度由于条件所限无法测量。烟囱采用青砖及白灰砂浆砌成。结构外立面照片见下图。

烟囱顶部外观现状

烟囱下部外观现状

详细测绘图纸见下图。

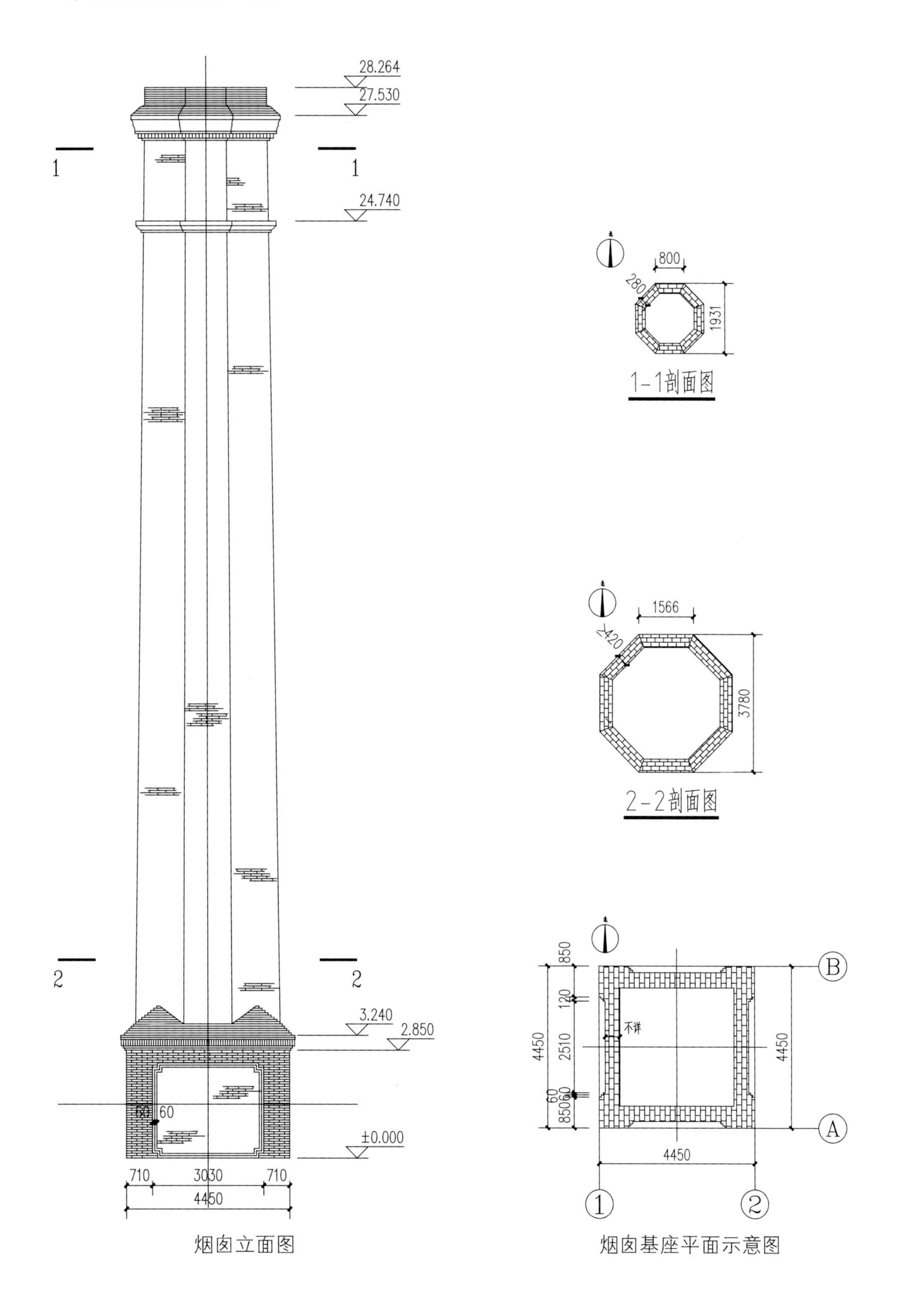

烟囱立面图

烟囱基座平面示意图

4.2 构件外观质量检查

现场对该房屋结构构件进行了外观质量检查，经检查：烟囱出现多条竖向裂缝，筒壁裂缝 w_{max}=6.0 毫米，基座裂缝 w_{max}=13.0 毫米。裂缝现状照片见下图。

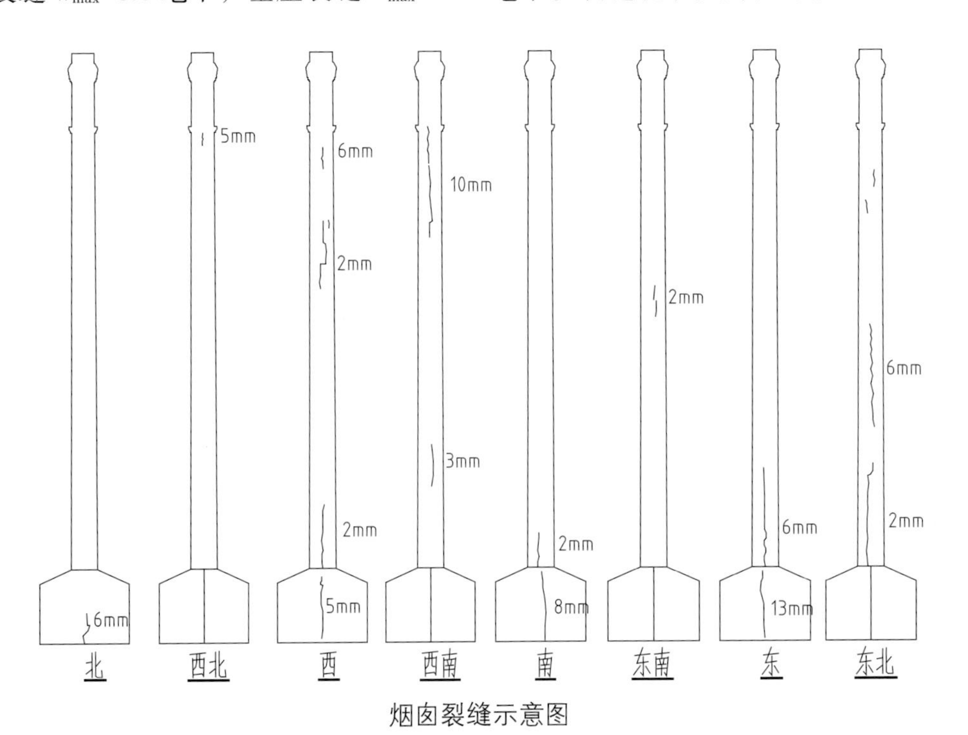

烟囱裂缝示意图

烟囱上部典型裂缝

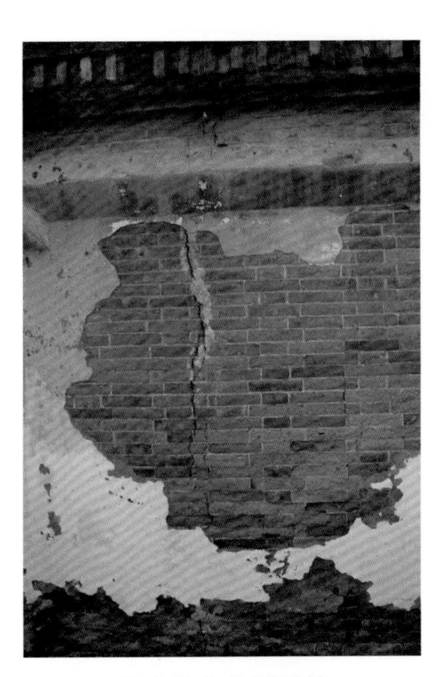

烟囱基座典型裂缝

4.3 构件材料强度检测

砖抗压强度检测

依据《砌体工程现场检测技术标准》(GB/T 50315—2011)，采用回弹法对该结构砌体墙砖抗压强度进行检测并评定强度等级。砖抗压强度回弹法检测结果见下表。

检测结果表明：砖强度等级推定为 MU7.5。

砖抗压强度回弹检测表

结构	平均值(兆帕)	标准差(兆帕)	变异系数	标准值(兆帕)	最小值(兆帕)	推定等级
烟囱	8.6	1.47	0.17	6.0	6.1	MU7.5

砂浆强度检测

依据《砌体工程现场检测技术标准》(GB/T 50315—2011)，采用回弹法对该结构砌体墙砌筑砂浆抗压强度进行检测并进行强度评定。检测结果见下表。

检测结果表明：所抽检砌体墙砌筑砂浆抗压强度值为 23.9 兆帕～39.5 兆帕，推定值为 30.6 兆帕。

砌筑砂浆强度检测表

结构	编号	轴线编号	砂浆测区强度值(兆帕)	检测结果统计值(兆帕)
烟囱	1	1-2-B	24.1	平均值：30.6 1.33* 最小值：31.8
	2	2-A-B	23.9	
	3	1-2-A	31.4	
	4	1-A-B	29.1	
	5	烟囱下部 1	35.5	
	6	烟囱下部 2	39.5	

4.4 倾斜检测

现场采用吊锤对该结构的基座墙体倾斜进行了检测，采用全站仪对烟囱筒体的倾斜进行了检测。依据《近现代历史建筑结构安全性评估导则》(WW/T 0048—2014)第 7.3.2.3 条关于砌体结构构件变形规定：砌体构件变形限值为 0.6%。

倾斜检测结果见下图及下表，检测结果表明：所抽检烟囱基座及筒体变形基本满足规范要求。

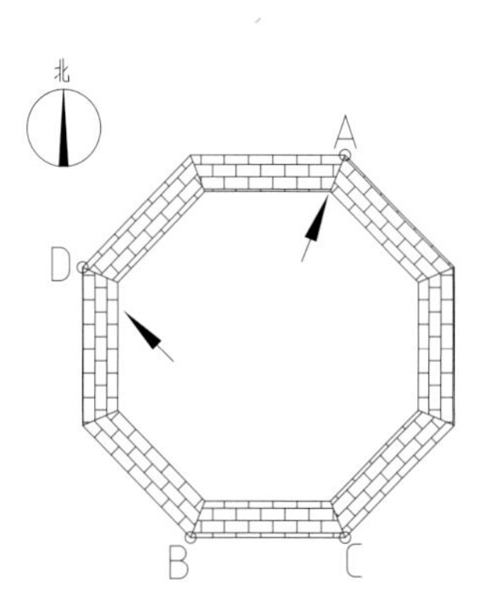

烟囱筒体倾斜测点示意图

砌体墙倾斜抽查检测表

结构	轴线位置	倾斜方向	测斜高度（米）	偏差值（毫米）	倾斜率	结论
烟囱基座	1–2–A 墙	北	1.5	9	0.60%	符合
	2–A–B 墙	西	1.5	4	0.27%	符合
	1–2–B 墙	北	1.5	0	0.00%	符合
	1–A–B 墙	西	1.5	6	0.40%	符合
烟囱筒体	A 点～B 点	A 点	23.0	19	0.08%	符合
	C 点～D 点	D 点	14.3	1	0.01%	符合

4.5 结构振动测试

现场使用 941B 型超低频测振仪、Dasp 数据采集分析软件对结构进行振动测试，烟囱测振仪放置在西侧基座上（标高 3.50 米），主要测试结果见下表及下图。

结构振动测试表

结构	方向	峰值频率（赫兹）	阻尼比
烟囱	东西向	3.81	1.76%
	南北向	3.71	1.88%

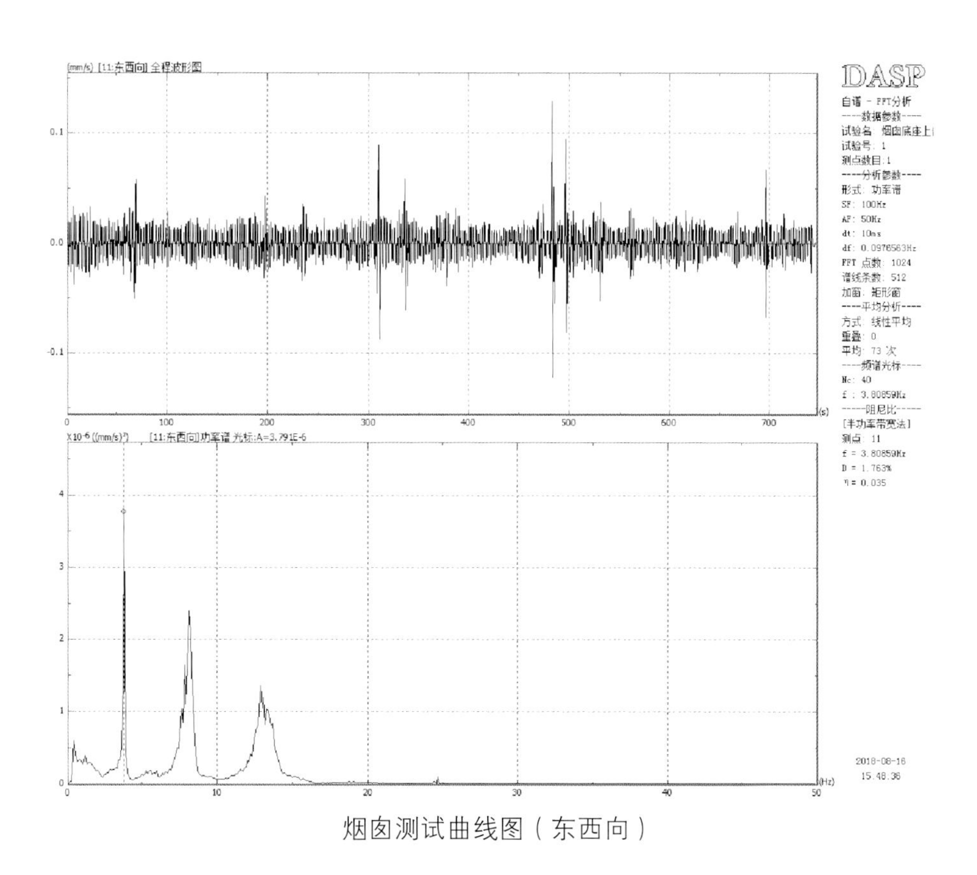

烟囱测试曲线图（东西向）

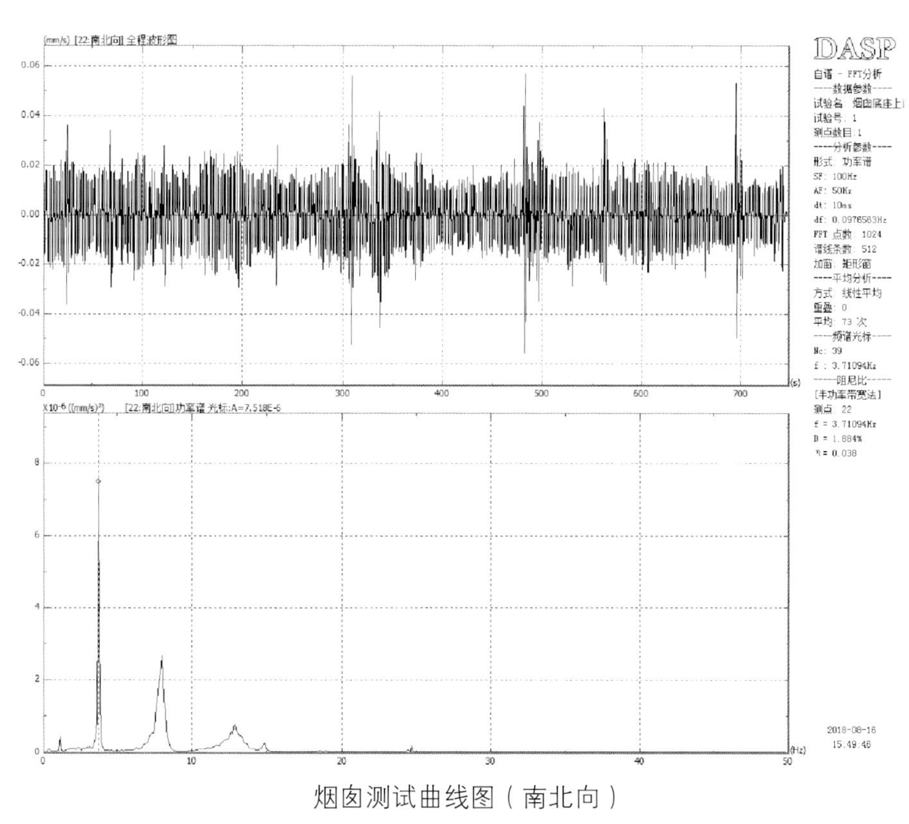

烟囱测试曲线图（南北向）

自振频率是由质量和刚度共同决定的，其中，建筑平面体型、墙体布置、结构内部损伤等因素会影响结构的刚度。

目前，对于此类结构的振动测试结果暂无明确评定依据，依据相关工程经验，未发现存在明显异常。

4.6 地基基础雷达探查

采用地质雷达对结构地基基础及墙体进行探查。路线 13 雷达天线频率为 300 兆赫，路线 14～17 雷达天线频率为 1500 兆赫，雷达扫描路线示意图及雷达详细测试结果见下图。

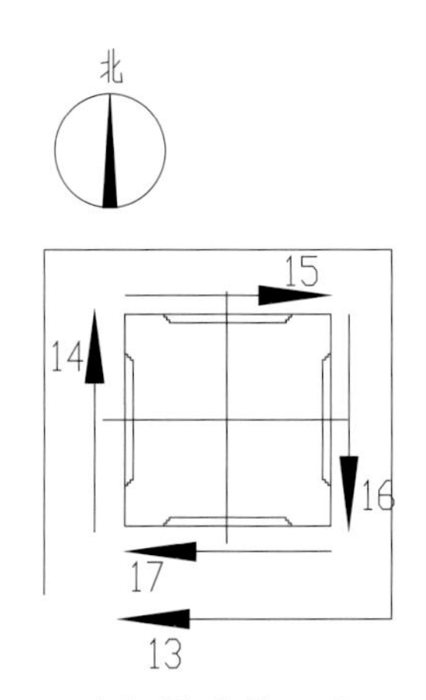

雷达扫描路线示意图

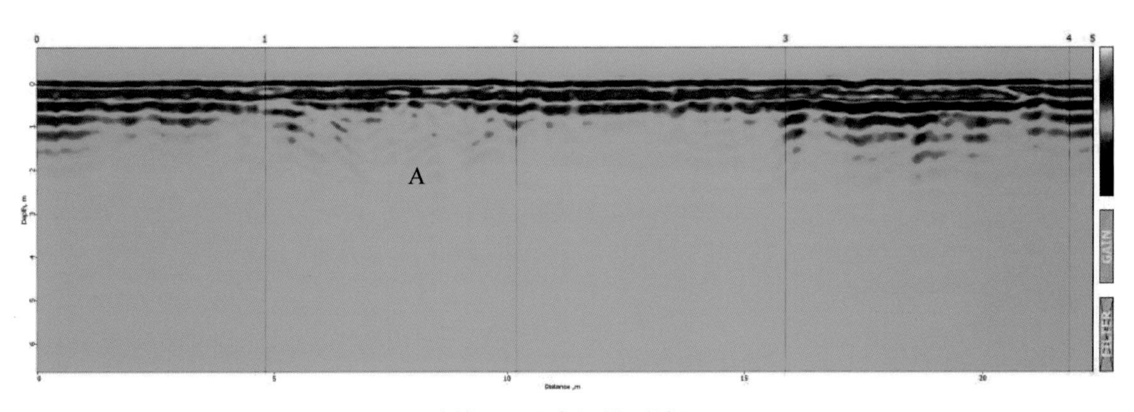

路线 13 雷达扫描测试图

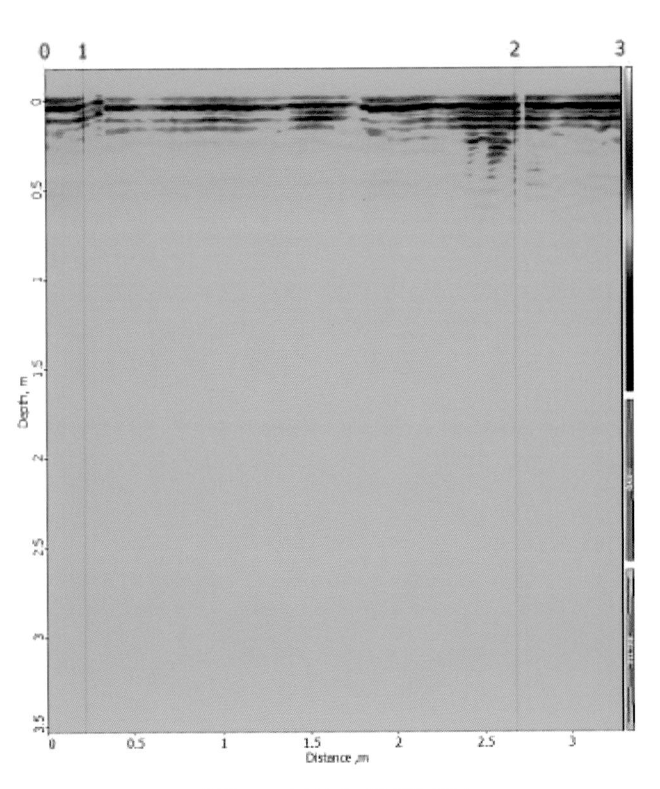

路线 14 雷达扫描测试图

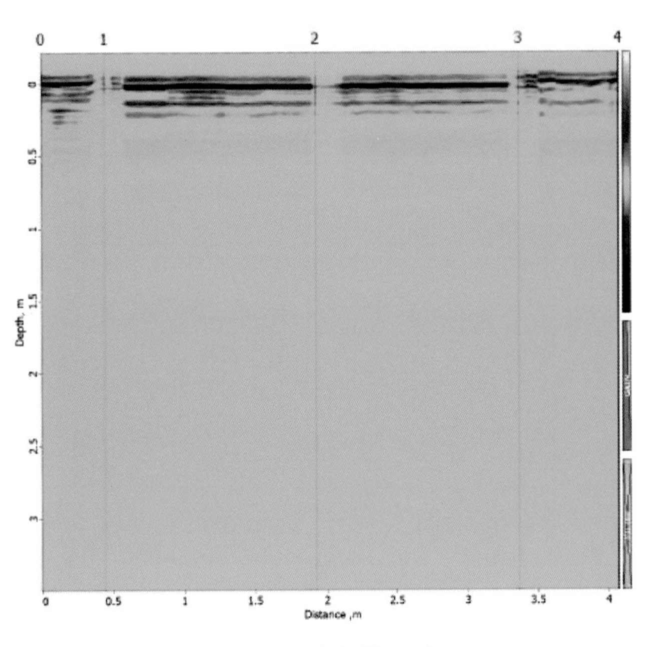

路线 15 雷达扫描测试图

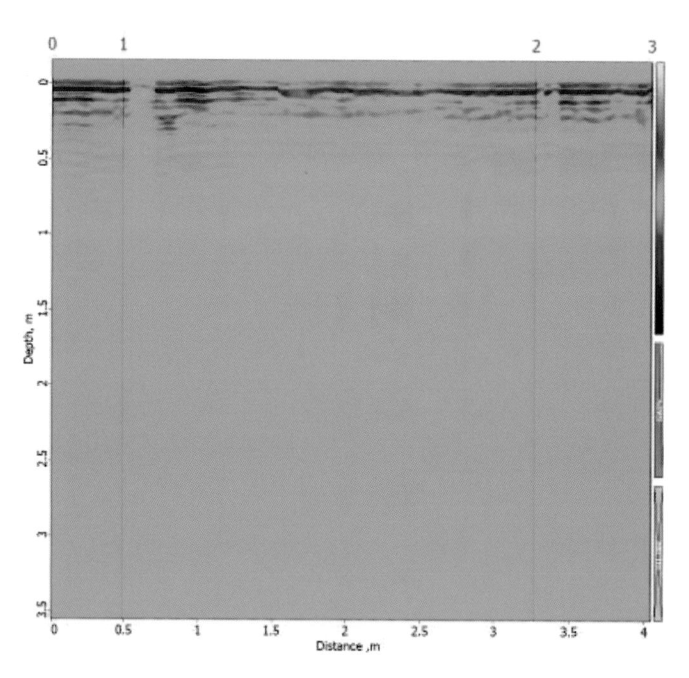

路线 16 雷达扫描测试图

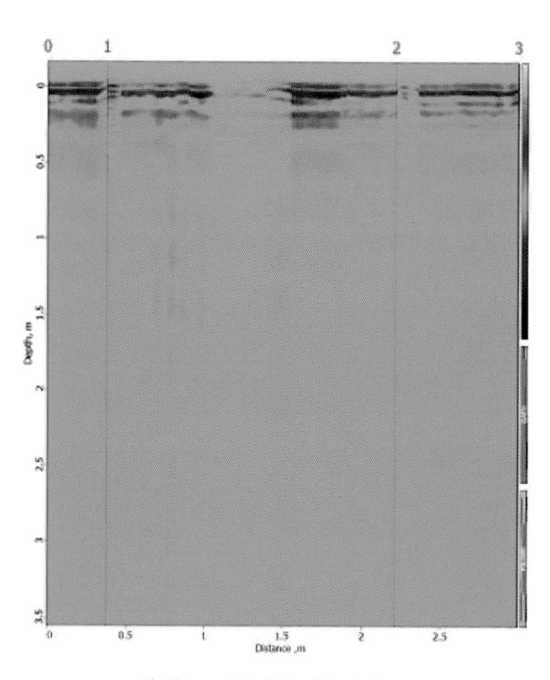

路线 17 雷达扫描测试图

由上图路线 13 可见，烟囱外侧地面上侧雷达反射波基本平直连续，局部（A 处）下方略显杂乱），此处下方地基处理可能不够均匀。

烟囱各侧墙中部存在明显竖向开裂，由于设备分辨率的问题，雷达反射波未体现出来，经现场检查，墙体裂缝未明显贯通墙体。

由于地面无法开挖与雷达图像进行比对，解释结果仅作为参考。

4.7 烟囱结构可靠性鉴定

评定方法和原则

依据《工业建筑可靠性鉴定标准》（GB50144—2008），对现状下结构可靠性进行鉴定，给出鉴定单元可靠性的鉴定评级。

依据《工业建筑可靠性鉴定标准》（GB50144—2008）要求，烟囱的可靠性鉴定，应分为地基基础、筒壁及支承结构、隔热层和内衬、附属设施四个结构系统进行评定。其中，地基基础、筒壁及支承结构、隔热层和内衬为主要结构系统应进行可靠性等级评定，附属设施可根据实际状况评定。

构件的安全性及使用性鉴定

烟囱筒壁及支承结构的安全性等级应按承载能力项目的评定等级确定；使用性等级应按损伤、裂缝和倾斜三个项目的最低评定等级确定；可靠性等级可按安全性等级和使用性等级中的较低等级确定。

（1）承载能力

由于烟囱筒体壁厚及基座侧墙厚度及内部构造情况不详，暂无法进行准确计算，鉴于烟囱已建成一百余年，且已不再作为烟囱使用，筒体未出现明显变形及水平开裂，本项暂定为 a 级构件。

（2）损伤、裂缝

经检测，烟囱出现多条竖向裂缝，筒壁 w_{max}=6.0 毫米，基座 w_{max}=13.0 毫米，本项评定为 c 级构件。

（3）倾斜

经检测，烟囱筒体及基座倾斜满足规范要求，本项评定为 a 级构件。

结构系统的安全性及使用性鉴定评级

鉴定单元本次划分为地基基础、筒壁及支承结构两个结构系统，根据标准（GB50144

—2008）的相关要求，分别评定其安全性及使用性等级。

地基基础：依据2008年《北京自来水博物馆来水亭、烟囱倾斜及沉降检测报告》，烟囱底部位置布置了3个倾斜倾斜监测点，监测结果表明半年内的沉降量均小于5毫米；经现场检查，未发现裂缝有进一步发展的趋势。地基基础安全性及使用性均评定为B级。

筒壁及支承结构：根据构件评定结果，承载功能评定为C级，使用状况评定为B级。

鉴定单元的可靠性鉴定评级

综合地基基础与筒壁及支承结构的安全性与使用性评级，根据标准《工业建筑可靠性鉴定标准》（GB50144—2008），评定该烟囱的可靠性等级为三级，不符合国家现行标准规范的可靠性要求，影响整体安全，在目标使用年限内明显影响整体正常使用，应采取措施，且可能有极少数构件必须立即采取措施。

4.8 处理建议

（1）建议对基座侧墙的裂缝进行修补处理，并尽快采取加固措施，可对墙面采取钢筋网砂浆面层的方式进行加固。

（2）建议对烟囱筒体的裂缝进行修补处理，并尽快采取加固措施，可对烟囱筒体采取增设环形钢箍的方式进行加固。

（3）建议对基座侧墙及筒体的裂缝进行定期观察，如发现裂缝存在进一步发展的迹象，应立即向相关管理部门汇报。

5. 来水亭

5.1 建筑概况

来水亭建于1910年，为两层圆亭，一层外侧设有回廊，由16根砖柱承重，回廊宽约2.7米，回廊上部顶板为钢筋混凝土板。圆亭内径长约9.7米，圆亭内部通高，室内天花标高8.54米，天花顶部为木梁木拱顶。一层外檐标高5.43米，水亭顶部标高16.58米。来水亭墙体采用红砖、白灰；回廊立柱为灰砖、白灰。结构外立面照片及吊顶内部见下图。

来水亭顶部外观现状照片

来水亭南侧外观现状照片

来水亭吊顶内部现状照片

详细测绘图纸见下图。

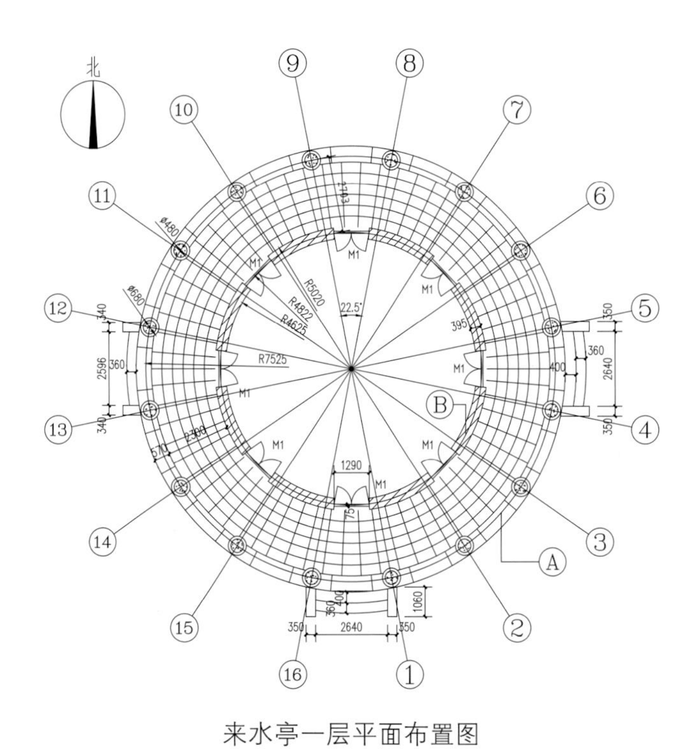

来水亭一层平面布置图

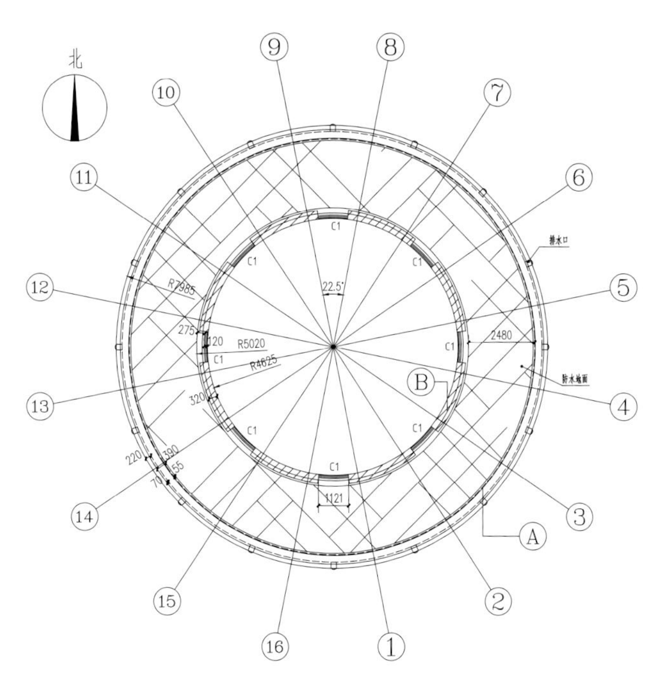

来水亭二层平面布置图

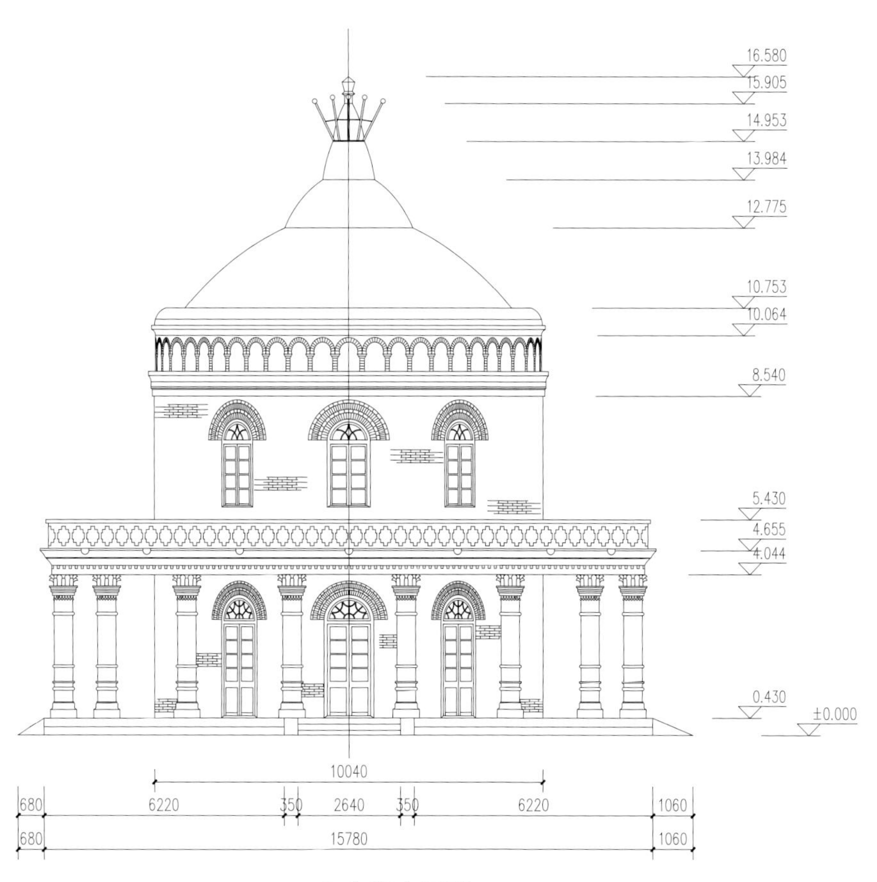

来水亭立面图

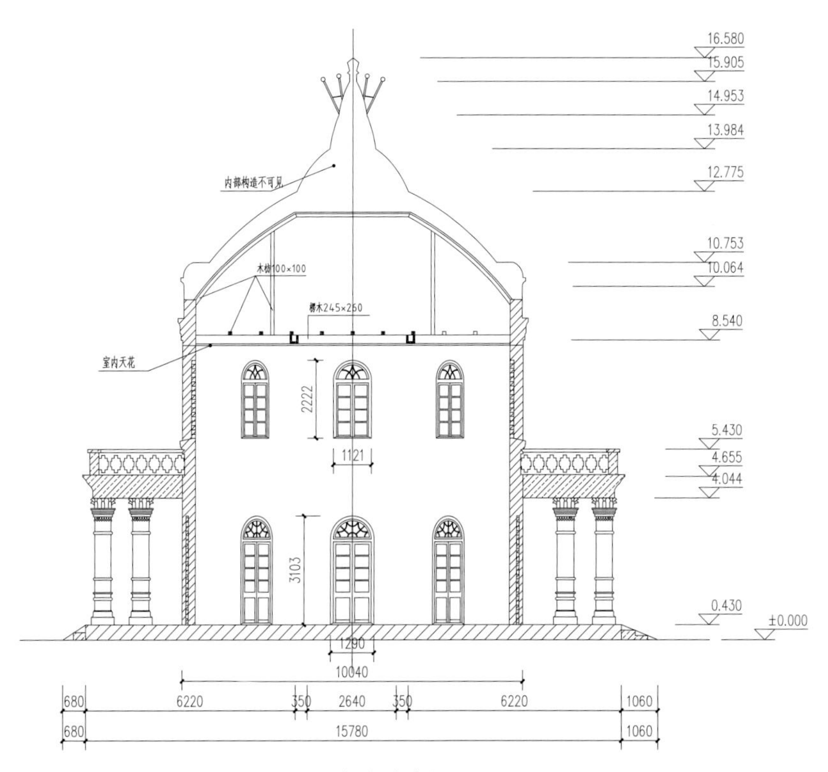

来水亭剖面图

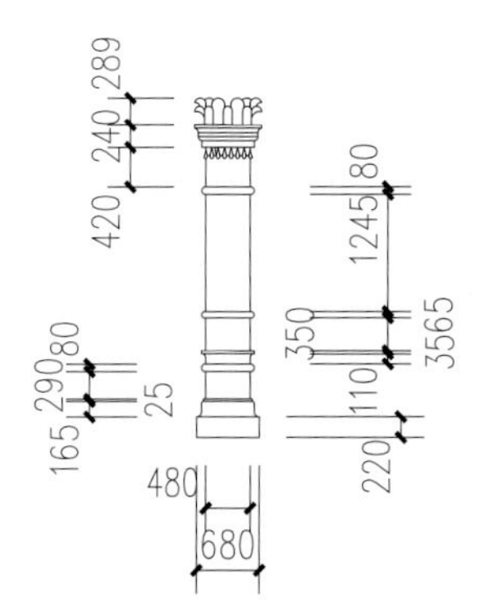

来水亭柱子详图

5.2 构件外观质量检查

现场对该房屋具备检查条件的结构构件进行了外观质量检查，构件外观质量检查结果见下表。

构件外观质量检查表

层号	缺陷位置	检查结果
1	/	一层顶外檐抹灰层多处脱落
2	/	二层木窗多处糟朽
2	吊顶中央位置	吊顶个别木构件糟朽断裂
1	一层全部	一层门洞上部砖拱普遍存在竖向开裂，w_{max}=0.2 毫米
2	二层全部	二层窗洞上部砖拱普遍存在竖向开裂，w_{max}=0.3 毫米
1、2	/	内墙抹灰层多处脱落
1	12-A 柱、13-A 柱	外侧西北侧砖柱抹灰层剥落

一层顶外檐抹灰脱落

二层木窗糟朽

吊顶个别木构件糟朽断裂

吊顶个别木构件糟朽断裂

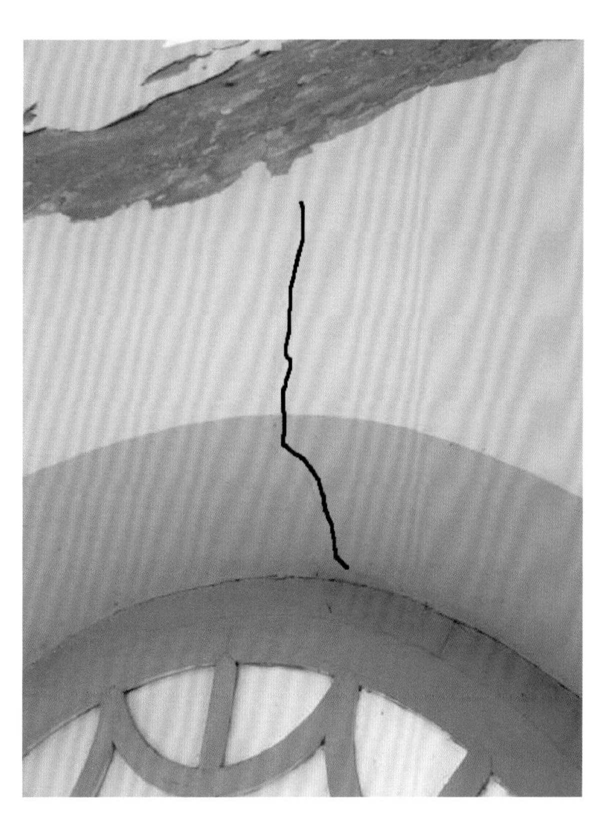

一层窗上部砖拱普遍存在竖向开裂

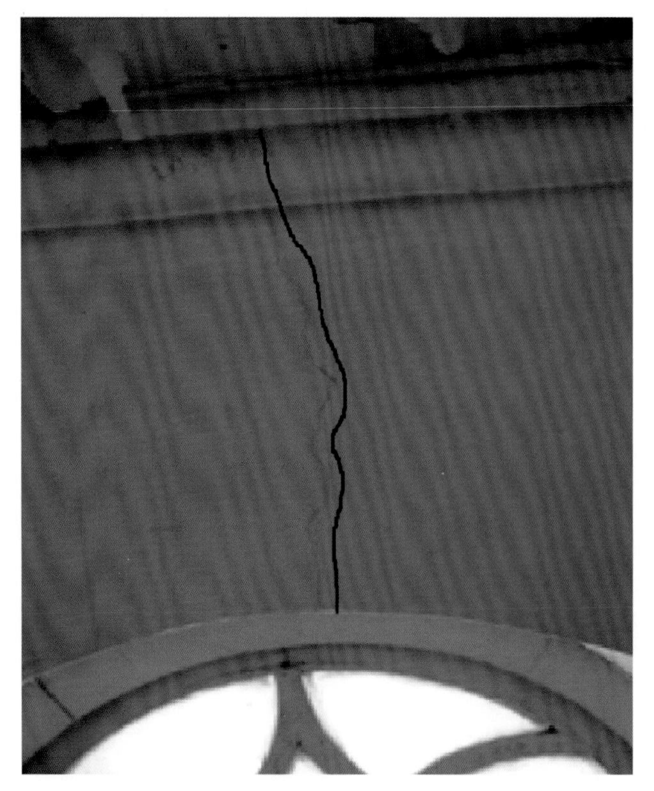

二层窗上部砖拱普遍存在竖向开裂

内墙抹灰脱落

外侧西北侧砖柱抹灰层剥落

5.3 构件材料强度检测

砖抗压强度检测

依据《砌体工程现场检测技术标准》（GB/T 50315—2011），采用回弹法对该结构砌体墙砖抗压强度进行检测并评定强度等级。砖抗压强度回弹法检测结果见下表。

检测结果表明：来水亭墙体砖强度等级推定为 MU10，廊柱砖强度等级推定为 <MU7.5，承载力验算时墙体砖强度建议按 MU10 取值，柱砖强度建议按 MU5.0 取值。

砖抗压强度回弹检测表

编号	结构	平均值（兆帕）	标准差（兆帕）	变异系数	标准值（兆帕）	最小值（兆帕）	推定等级
1	来水亭墙体	12.3	1.01	0.08	10.5	11.4	MU10
2	来水亭廊柱	5.2	0.21	0.04	4.9	5.0	<MU7.5

砂浆强度检测

依据《砌体工程现场检测技术标准》（GB/T 50315—2011），采用回弹法对该结构砌体墙砌筑砂浆抗压强度进行检测并进行强度评定。检测结果见下表。

检测结果表明：所抽检来水亭墙体砌筑砂浆抗压强度值为 10.01 兆帕～11.37 兆帕，柱砌筑砂浆抗压强度值为 10.54 兆帕～20.24 兆帕。

砌筑砂浆强度检测表

结构	编号	轴线编号	砂浆测区强度值（兆帕）
来水亭墙	1	1–2–B	10.01
	2	5–6–B	11.37
	3	11–12–B	10.28
来水亭柱	4	13–A	10.54
	5	12–A	20.24
	6	8–A	13.65

5.4 倾斜检测

现场对该结构的砌体墙倾斜进行了抽查检测。依据《近现代历史建筑结构安全性评估导则》（WW/T 0048—2014）第 7.3.2.3 条关于砌体结构构件变形规定：砌体构件变形限值为 0.6%。

检测结果见下表，检测结果表明：所抽检墙体变形基本满足规范要求。

砌体墙倾斜抽查检测表

结构	轴线位置	倾斜方向	测斜高度（米）	偏差值（毫米）	倾斜率	结论
来水亭	1–2–B 墙	向外	2	9	0.45%	符合
	3–4–B 墙	向外	2	10	0.50%	符合
	5–6–B 墙	向外	2	5	0.25%	符合
	7–8–B 墙	向外	2	8	0.40%	符合
	9–10–B 墙	向外	2	14	0.70%	基本符合
	11–12–B 墙	向外	2	13	0.65%	基本符合
	13–14–B 墙	向外	2	12	0.60%	符合
	15–16–B 墙	向外	2	11	0.55%	符合

5.5 结构振动测试

现场使用 941B 型超低频测振仪、Dasp 数据采集分析软件对结构进行振动测试，来水亭测振仪放置在二层西侧窗台上（标高 5.75 米）主要测试结果见下表、下图。

结构振动测试表

结构	方向	峰值频率（赫兹）	阻尼比
来水亭	东西向	5.57	4.16%
	南北向	5.86	/

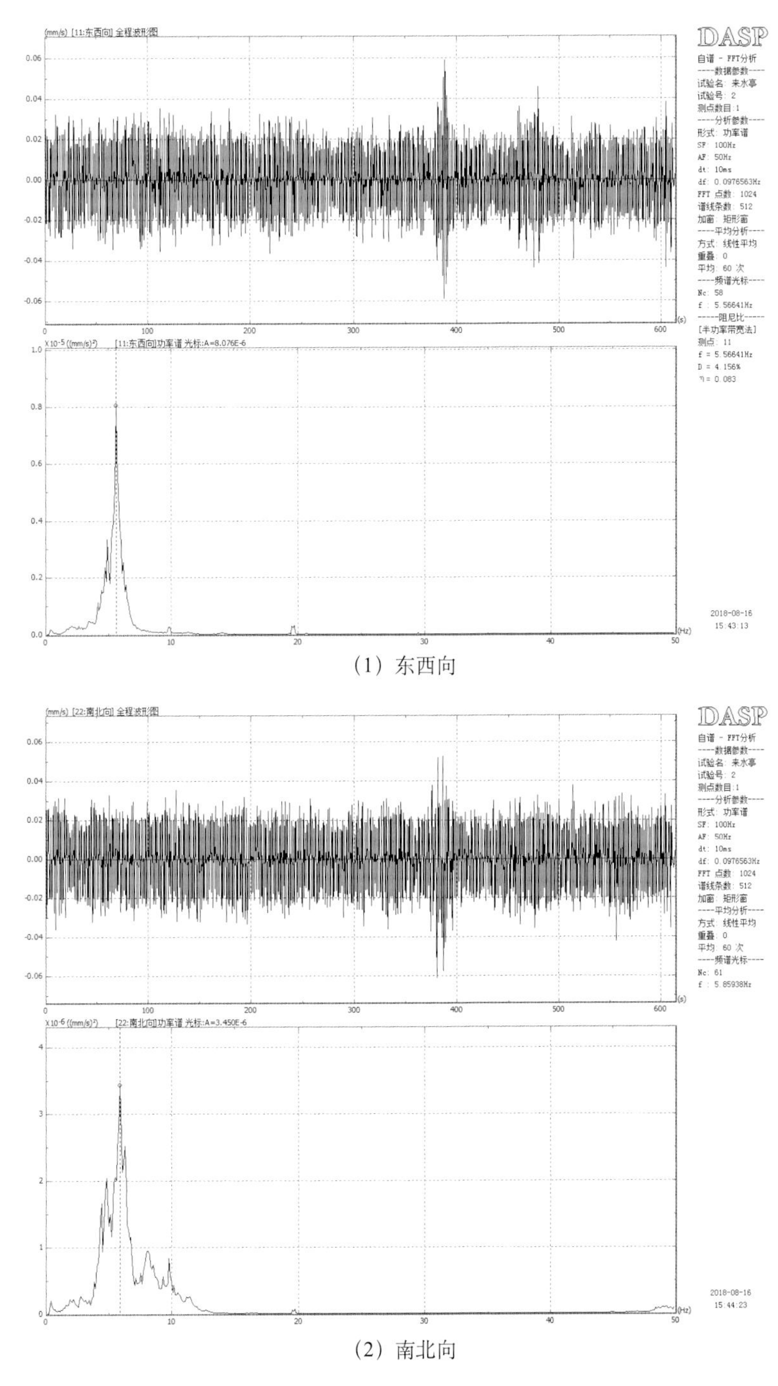

（1）东西向

（2）南北向

来水亭测试曲线图

自振频率是由质量和刚度共同决定的，其中，建筑平面体型、墙体布置、结构内部损伤等因素会影响结构的刚度。

目前，对于此类结构的振动测试结果暂无明确评定依据，依据相关工程经验，未发现存在明显异常。

5.6 地基基础雷达探查

采用地质雷达对结构地基基础进行探查。雷达天线频率为300兆赫，雷达扫描路线示意图及雷达详细测试结果见下图。

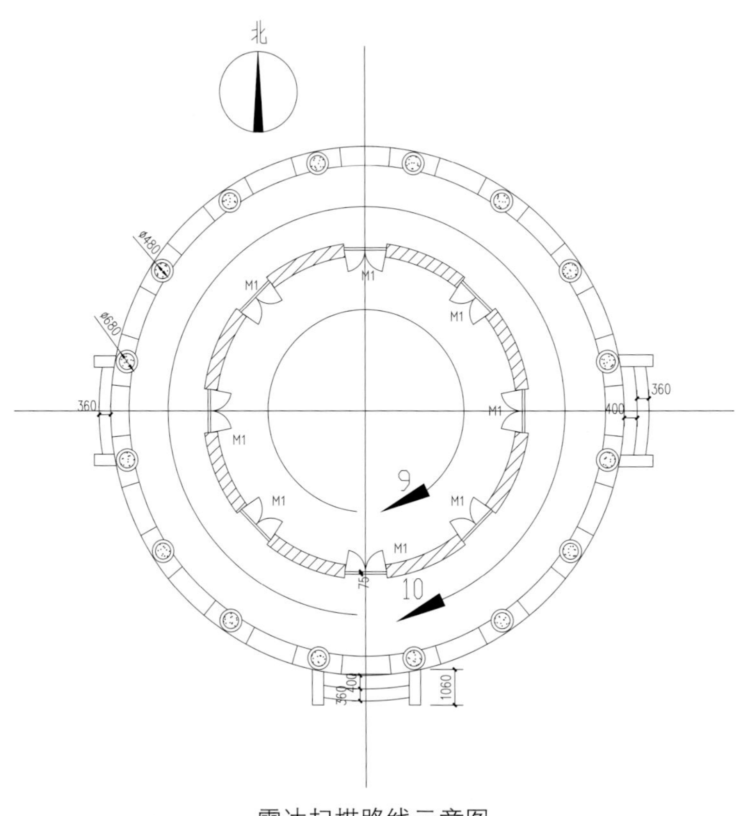

雷达扫描路线示意图

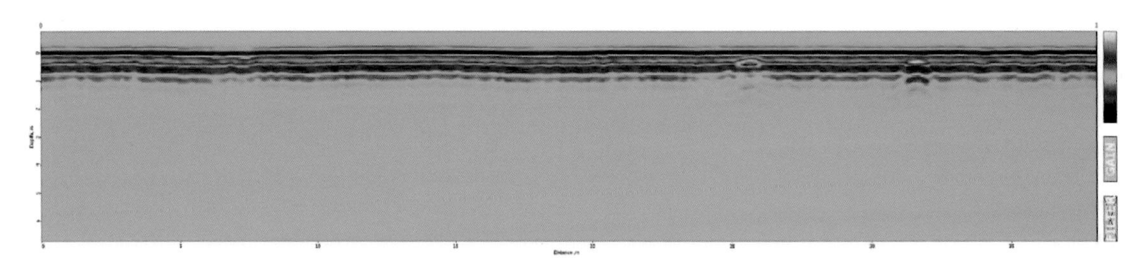

路线 9 雷达扫描测试图

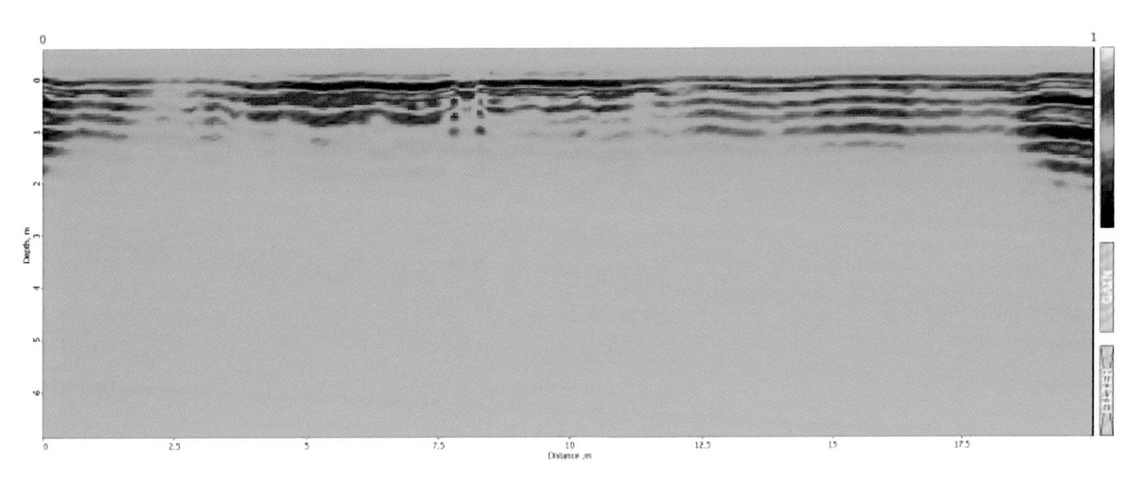

路线 10 雷达扫描测试图

由上图可见，室内地面及外廊地面雷达反射波基本平直连续，下方地基没有明显空洞等缺陷。

由于地面无法开挖与雷达图像进行比对，解释结果仅作为参考。

5.7 来水亭结构安全性鉴定

评定方法和原则

根据《近现代历史建筑结构安全性评估导则》WW/T 0048—2014，近现代历史建筑的结构安全性评估应分成地基基础、上部结构（包括围护结构）两个组成部分分别进行评估，每个组成部分应按规定分一级评估、二级评估两级进行。

（1）层次划分

近现代历史建筑的结构安全性评估应按构件、组成部分、整体三个层次进行，从第一个层次开始，分层进行：①根据构件各检查项目评定结果，确定单个构件安全性等级；②根据构件的评定结果，确定组成部分安全性等级；③根据组成部分的评定结果，确定整体安全性等级。

（2）评估原则

近现代历史建筑结构安全性评估分为一级评估和二级评估。一级评估包括结构损伤状况、材料强度、构件变形、节点及连接构造等；二级评估为结构安全性验算。一级评估符合要求，可不再进行二级评估，评定构件安全性满足要求。一级评估不符合要求，评定构件安全性不满足要求，且应进行二级评估。二级评估应依据一级评估结果，建立整体力学模型，进行整体结构力学分析，并在此基础上进行结构承载力验算。

结构安全性等级评估

（1）地基基础构件安全性评估

经检查，未发现地基基础存在影响上部结构安全的不均匀沉降裂缝和明显变形，经雷达勘察，未发现地基存在空洞等缺陷，因此，本鉴定单元地基基础的安全性评为 a 级。

（2）上部结构构件安全性评估

1）构件的一级评估

砌体结构的检测勘察应包括砌体的外观质量、材料强度、变形、裂缝、构造等 5 个项目，任一项目不满足一级评估，则应进行二级评估。

①外观质量

砌体墙及柱多处出现抹灰脱落，其承重的有效面积未出现明显削弱，本项满足一级评估。

②材料强度

经检测，墙砖强度等级推定为 MU10，满足规范 MU10 的要求，廊柱砖强度等级推定为 <MU7.5，不满足规范 MU10 的要求；砌筑砂浆抗压强度推定值满足规范 M1.5 的要求，本项砖强度不满足一级评估。

③变形

经检测，砌体墙柱倾斜率基本满足规范 0.6% 的要求，本项满足一级评估。

④裂缝

经检测，一层门洞上部砖拱普遍存在竖向开裂，w_{max}=0.2 毫米；二层窗洞上部砖拱普遍存在竖向开裂，w_{max}=0.3 毫米，本项不满足一级评估。

⑤构造

经检查，本结构墙、柱的高厚比符合国家现行设计规范的要求；连接及砌筑方式正确，主要构造基本符合国家现行设计规范要求，仅有局部的表面缺陷，工作无异常。本项满足一级评估。

2）构件的二级评估

依据现行《近现代历史建筑结构安全性评估导则》WW/T 0048—2014，对结构承载力进行验算。材料强度、结构平面布置、荷载取值、计算参数等依据检测结果及现行规范。

①计算模型及参数确定

依据现场检测结果，采用 PKPM 软件（PKPM2010 版，编制单位：中国建筑科学研究院 PKPM CAD 工程部），建立结构计算模型，主要参数如下：

a. 砖强度等级：MU10（墙体）、MU5.0（柱）；砂浆强度：10.1 兆帕（墙体）、14.0 兆帕（柱）。

b. 屋面荷载按实际情况并参照规范进行取值，具体取值见下表。

屋面荷载标准值取值表

类别	建筑用途	标准值（千牛 / 平方米）
恒载	屋面	2.0
活载	非上人屋面	0.5
风荷载	地面粗糙度类别：C 类，基本风压：0.45 千牛 / 平方米	

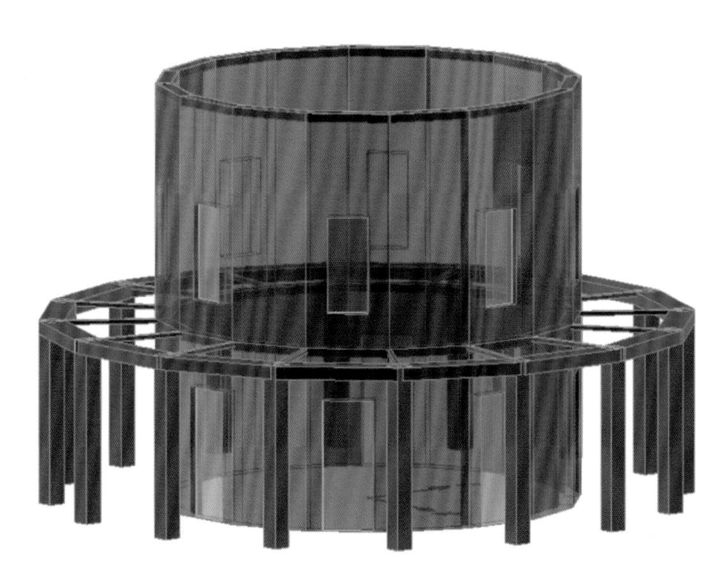

结构计算模型

②承载力验算结果

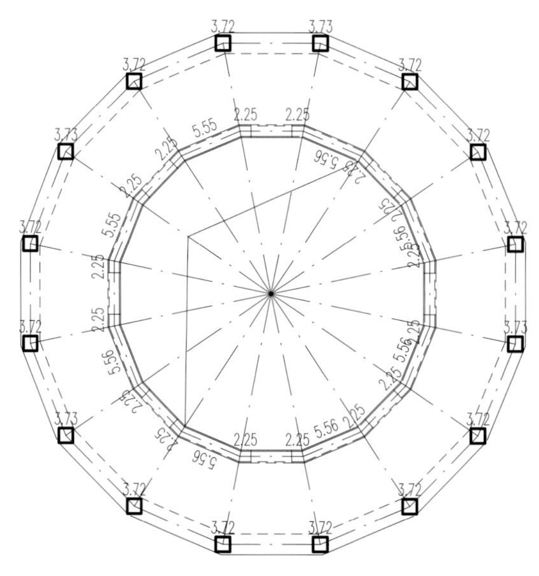

一层砌体墙受压验算结果

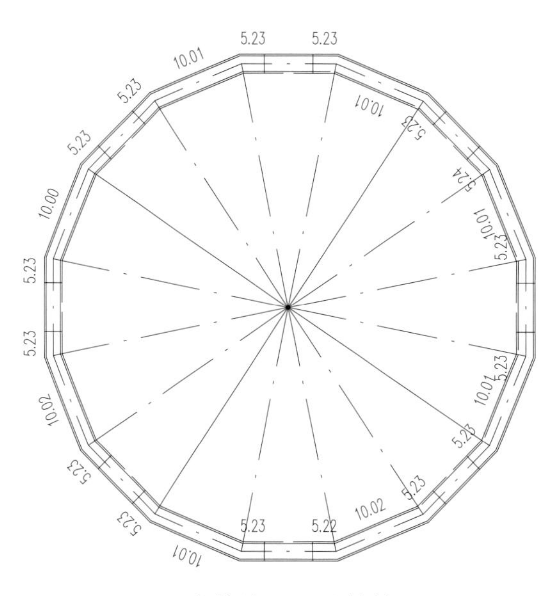

二层砌体墙受压验算结果

经计算，砌体墙承载力基本满足规范要求。

3）上部结构安全性综合评估

综上，根据规范 WW/T 0048—2014 第 8.4 节，上部结构安全性等级评定为 b 级。

（3）建筑整体安全性等级评估

综合地基基础与上部结构的安全性评级，根据《近现代历史建筑结构安全性评估导则》WW/T 0048—2014 第 8.4 节，评定该房屋的安全性等级为 B 级，整体安全性基本满足要求，有极少数构件需要采取措施。

5.8 处理建议

（1）对门窗洞口上部裂缝，可通过局部灌缝进行修复处理，并定期进行观察，如果存在继续扩大的迹象，应采取加固处理措施。

（2）建议对内墙及砖柱表面存在抹灰脱落的部位进行修复处理。

（3）建议对糟朽开裂的门窗进行修复处理。

（4）建议对吊顶内存在糟朽断裂的木构件进行修复替换，并修复屋顶防水层。

6. 聚水井

6.1 聚水井工程概况

聚水井约建于 1940 年，砖混结构，砖墙承重，钢筋混凝土屋盖，井室内直径为 5.5 米，面积约为 23.49 平方米，室内房屋高度约为 4.3 米。结构外立面照片见下图。

聚水井东南侧外观现状照片

聚水井西北侧外观现状照片

详细测绘图纸见下图。

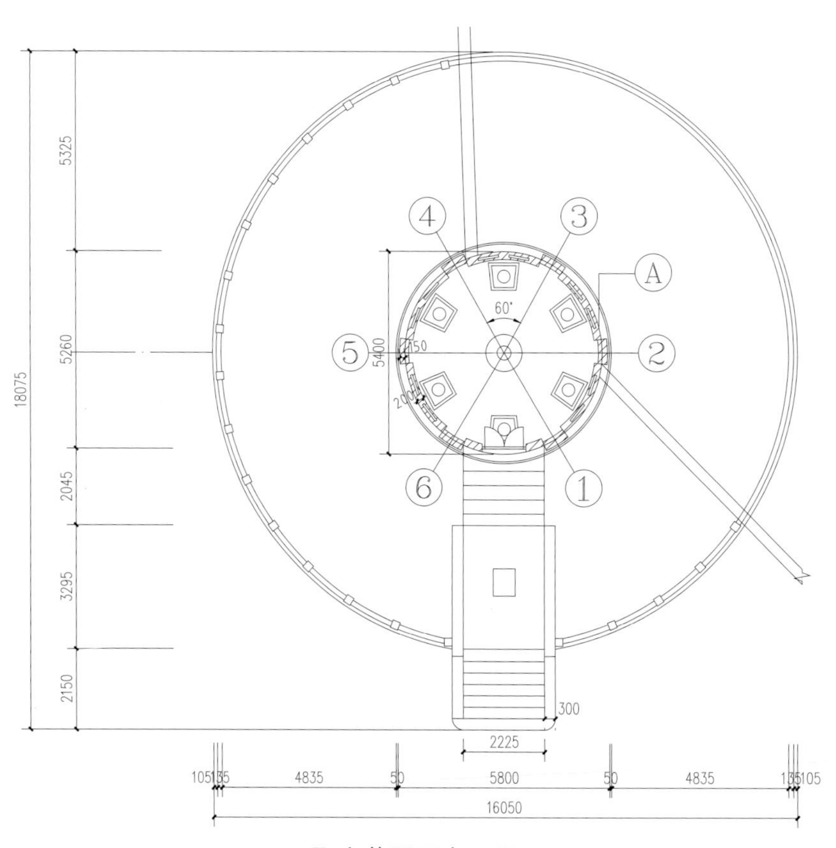

聚水井平面布置图

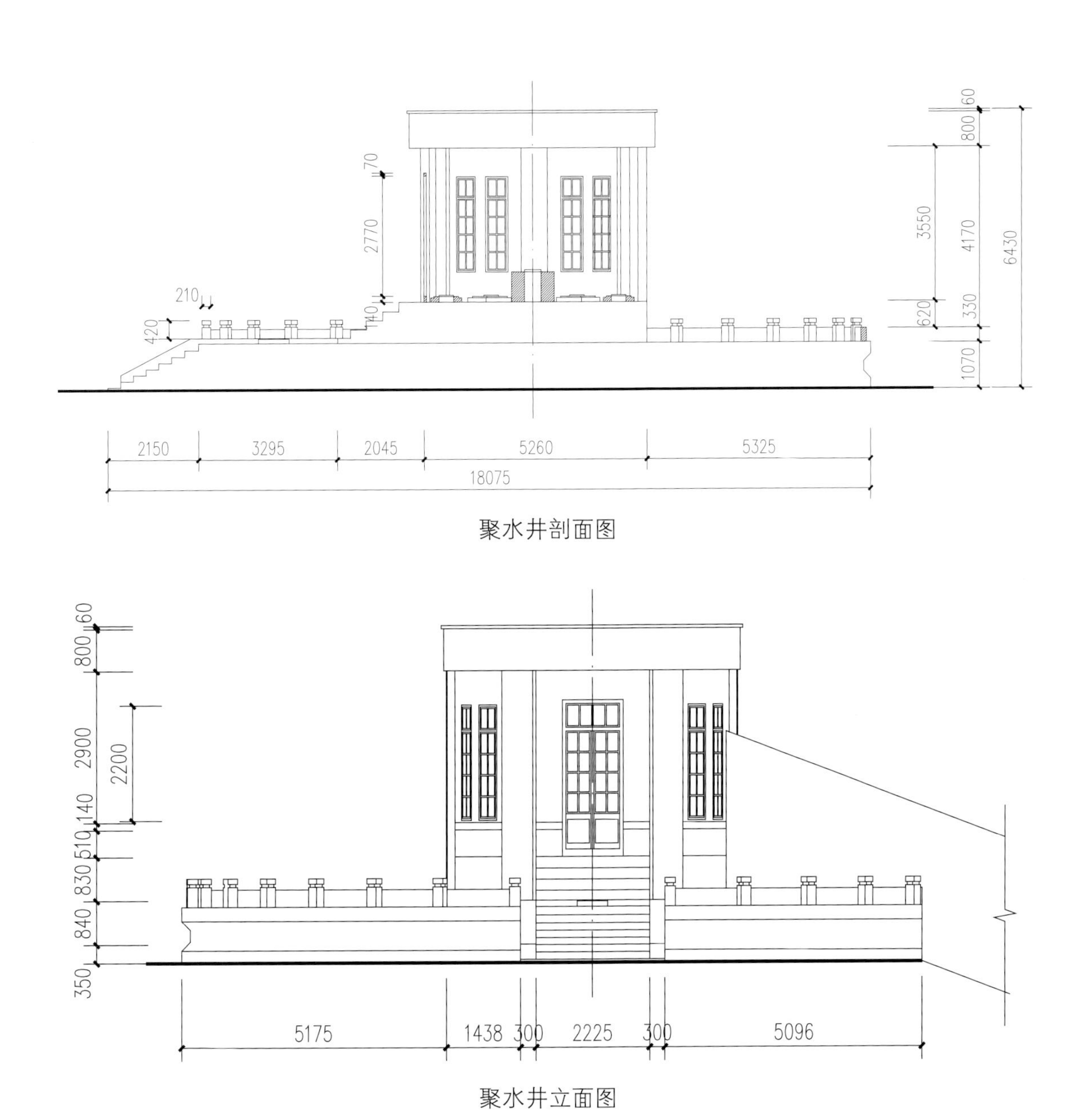

聚水井剖面图

聚水井立面图

6.2 构件外观质量检查

现场对该房屋结构构件进行了外观质量检查，构件外观质量检查结果见下表。

构件外观质量检查表

层号	检查结果
1	基础外侧挡墙抹灰层多处开裂脱落
1	砖墙上部轻微风化

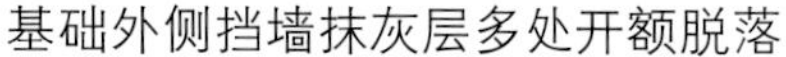

基础外侧挡墙抹灰层多处开额脱落

砖墙上部轻微风化

6.3 构件材料强度检测

砖抗压强度检测

依据《砌体工程现场检测技术标准》(GB/T 50315—2011)，采用回弹法对该结构砌体墙砖抗压强度进行检测并评定强度等级。砖抗压强度回弹法检测结果见下表。

检测结果表明：砖强度等级推定为<MU7.5，承载力验算时砖强度建议按 MU5.0 取值。

砖抗压强度回弹检测表

结构	平均值（兆帕）	标准差（兆帕）	变异系数	标准值（兆帕）	最小值（兆帕）	推定等级
聚水井	5.9	2.11	0.36	2.1	3.9	<MU7.5

砂浆强度检测

依据《砌体工程现场检测技术标准》(GB/T 50315—2011)，采用回弹法对该结构砌体墙砌筑砂浆抗压强度进行检测并进行强度评定。检测结果见下表。

检测结果表明：所抽检砌体墙砌筑砂浆抗压强度值为 2.85 兆帕～7.55 兆帕。

砌筑砂浆强度检测表

结构	编号	轴线编号	砂浆测区强度值（兆帕）
聚水井	1	5-6-A	2.85
	2	4-5-A	7.55
	3	1-2-A	7.34

6.4 倾斜检测

现场对该结构的砌体墙倾斜进行了抽查检测。依据《近现代历史建筑结构安全性评估导则》（WW/T 0048—2014）第 7.3.2.3 条关于砌体结构构件变形规定：砌体构件变形限值为 0.6%。

检测结果见下表，检测结果表明：所抽检墙体变形符合规范要求。

砌体墙倾斜抽查检测表

结构	轴线位置	倾斜方向	测斜高度（米）	偏差值（毫米）	倾斜率	结论
聚水井	1-2-A 墙	向外	2	0	0.00%	符合
	2-3-A 墙	向外	2	4	0.20%	符合
	3-4-A 墙	向外	2	1	0.05%	符合
	4-5-A 墙	向外	2	6	0.30%	符合
	5-6-A 墙	向内	2	2	0.10%	符合
	1-6-A 墙	向外	2	5	0.25%	符合

6.5 结构振动测试

现场使用 941B 型超低频测振仪、Dasp 数据采集分析软件对结构进行振动测试，聚水井测振仪放置在屋顶东侧（标高 5.0 米），主要测试结果见下表和下图。

结构振动测试表

结构	方向	峰值频率（赫兹）	阻尼比
聚水井	东西向	10.16	1.93%
	南北向	7.81	/

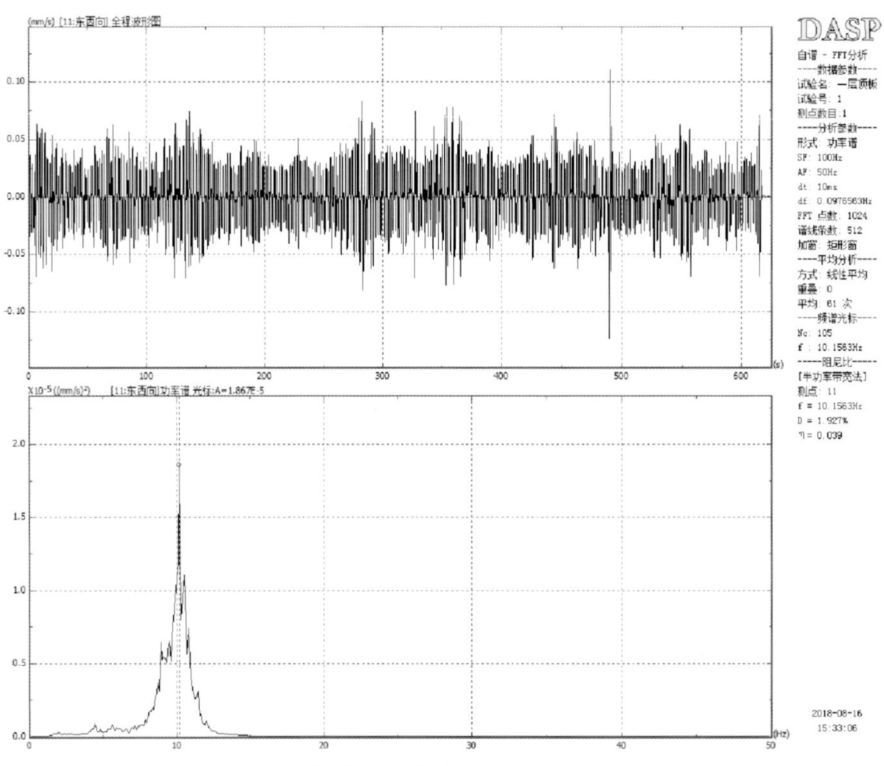

聚水井测试曲线图（东西向）

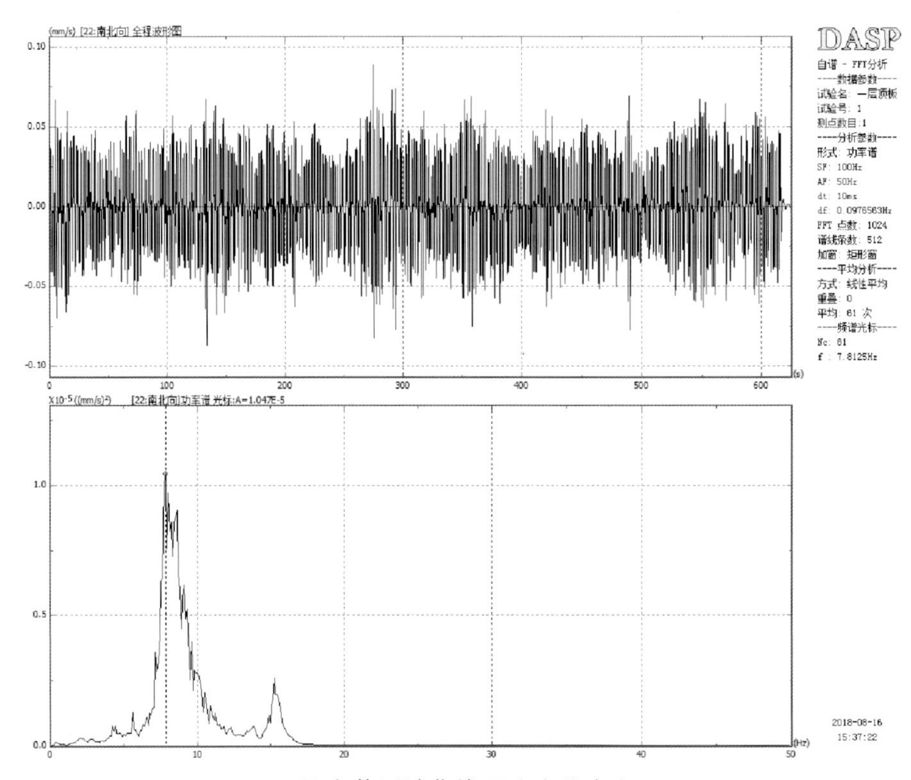

聚水井测试曲线图（南北向）

自振频率是由质量和刚度共同决定的，其中，建筑平面体型、墙体布置、结构内部损伤等因素会影响结构的刚度。

目前，对于此类结构的振动测试结果暂无明确评定依据，依据相关工程经验，未发现存在明显异常。

6.6 地基基础雷达探查

采用地质雷达对结构地基基础进行探查。雷达天线频率为 300 兆赫，雷达扫描路线示意图及雷达详细测试结果见下图。

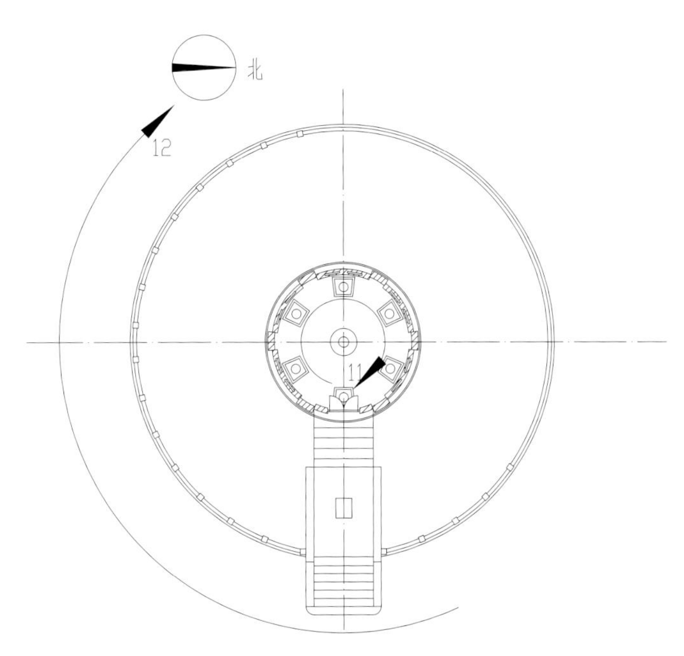

雷达扫描路线示意图

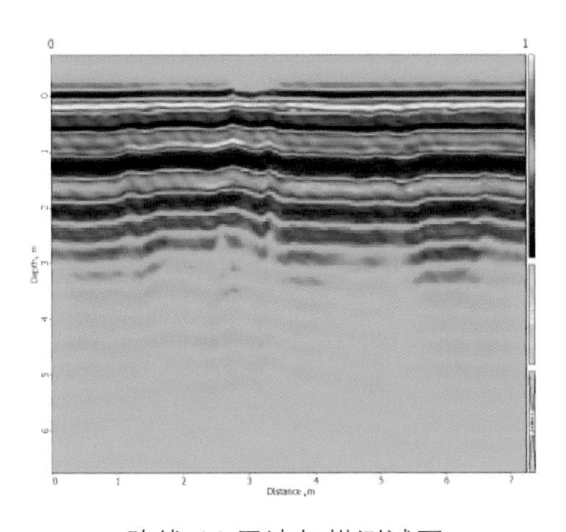

路线 11 雷达扫描测试图

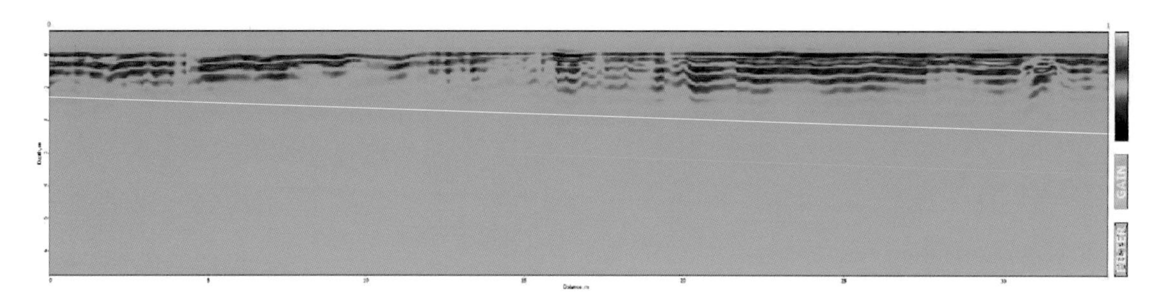

路线 12 雷达扫描测试图

由上图路线 11 可见，室内地面雷达反射波基本平直连续，没有明显空洞等缺陷。

由上图路线 12 可见，室外路面雷达反射波比较杂乱，经现场检查，室外路面表面凹凸不平且材质不一，造成表面反射波出现杂乱的现象，但路面下方地基未发现存在明显空洞等缺陷。

由于地面无法开挖与雷达图像进行比对，解释结果仅作为参考。

6.7 蒸汽机房结构安全性鉴定

评定方法和原则

根据《近现代历史建筑结构安全性评估导则》WW/T 0048—2014，近现代历史建筑的结构安全性评估应分成地基基础、上部结构（包括围护结构）两个组成部分分别进行评估，每个组成部分应按规定分一级评估、二级评估两级进行。

（1）层次划分

近现代历史建筑的结构安全性评估应按构件、组成部分、整体三个层次进行，从第一个层次开始，分层进行：①根据构件各检查项目评定结果，确定单个构件安全性等级；②根据构件的评定结果，确定组成部分安全性等级；③根据组成部分的评定结果，确定整体安全性等级。

（2）评估原则

近现代历史建筑结构安全性评估分为一级评估和二级评估。一级评估包括结构损伤状况、材料强度、构件变形、节点及连接构造等；二级评估为结构安全性验算。一级评估符合要求，可不再进行二级评估，评定构件安全性满足要求。一级评估不符合要求，评定构件安全性不满足要求，且应进行二级评估。二级评估应依据一级评估结果，建立整体力学模型，进行整体结构力学分析，并在此基础上进行结构承载力验算。

结构安全性等级评估

（1）地基基础构件安全性评估

经检查，基础外侧挡墙抹灰层多处开额脱落未，但发现地基基础存在影响上部结构安全的不均匀沉降裂缝和明显变形，经雷达勘察，未发现地基存在空洞等缺陷，因此，本鉴定单元地基基础的安全性评为 b 级。

（2）上部结构构件安全性评估

1）构件的一级评估

砌体结构的检测勘察应包括砌体的外观质量、材料强度、变形、裂缝、构造等 5 个项目，任一项目不满足一级评估，则应进行二级评估。

①外观质量

砌体墙多局部出现轻微风化，其承重的有效面积未出现明显削弱，本项满足一级评估。

②材料强度

经检测，砖强度等级推定为 <MU7.5，不满足规范 MU10 的要求；砌筑砂浆抗压强度值为 2.85 兆帕～7.55 兆帕，满足规范 M1.5 的要求，本项砖强度不满足一级评估。

③变形

经检测，砌体墙柱倾斜率未超规范 0.6% 的要求，本项满足一级评估。

④裂缝

经检测，未发现墙体存在在明显裂缝，本项不满足一级评估。

⑤构造

经检查，本结构墙、柱的高厚比符合国家现行设计规范的要求；连接及砌筑方式正确，主要构造基本符合国家现行设计规范要求，仅有局部的表面缺陷，工作无异常。本项满足一级评估。

2）构件的二级评估

依据现行《近现代历史建筑结构安全性评估导则》WW/T 0048—2014，对结构承载力进行验算。材料强度、结构平面布置、荷载取值、计算参数等依据检测结果及现行规范。

①计算模型及参数确定

依据现场检测结果，采用 PKPM 软件（PKPM2010 版，编制单位：中国建筑科学研究院 PKPM CAD 工程部），建立结构计算模型，主要参数如下：

a. 砖强度等级：MU5；砂浆强度：2.85 兆帕。

b. 屋面荷载按实际情况并参照规范进行取值，具体取值见下表。

c. 建模时将水平距离较近的洞口合并为一个大洞口。

屋面荷载标准值取值表

类别	建筑用途	标准值（千牛 / 平方米）
恒载	屋面	2.0
活载	非上人屋面	0.5
风荷载	地面粗糙度类别：C 类，基本风压：0.45 千牛 / 平方米	

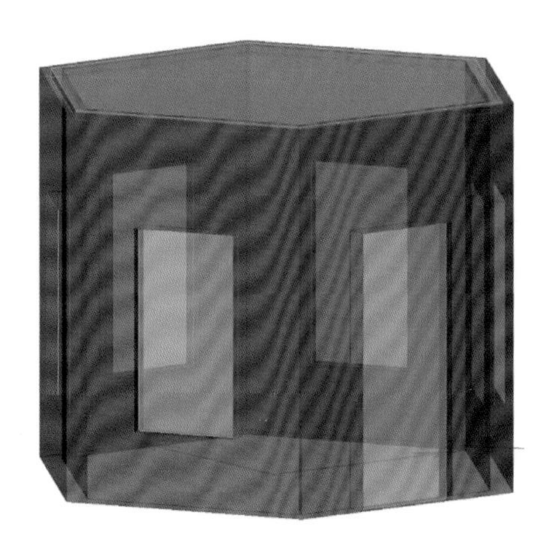

结构计算模型

②承载力验算结果

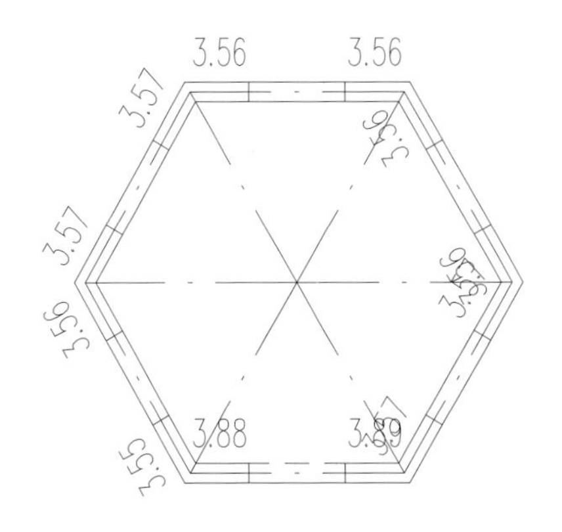

砌体墙受压验算结果

经计算，砌体墙承载力基本满足规范要求。

3）上部结构安全性综合评估

综上，根据规范 WW/T 0048—2014 第 8.4 节，上部结构安全性等级评定为 a 级。

（3）建筑整体安全性等级评估

综合地基基础与上部结构的安全性评级，根据《近现代历史建筑结构安全性评估导则》WW/T 0048—2014 第 8.4 节，评定该房屋的安全性等级为 B 级，整体安全性基本满足要求，有极少数构件需要采取措施。

6.8 处理建议

建议对存在抹灰层开裂的挡墙进行修复处理。

第五章　长巷三条 1 号院结构安全检测

1. 建筑概况

北京市东城区长巷三条 1 号院为区级文物保护单位，约建于民国时期，具体年代不详，为地上三层砖木结构。房屋平面基本为矩形，局部内收，平面长度约 24 米，宽度约 19 米，房屋中间有天井，天井上方屋盖采用轻钢屋架，其余部位屋盖采用三角木屋架，总建筑面积约 1100 平方米。该建筑曾用作旅馆，目前处于空置状态。为掌握该楼结构性能的客观状况，甲方委托对其进行结构检测。该楼外观照片、结构平面图及剖面图见下图。

长巷三条 1 号院东南立面现状照片

长巷三条 1 号院北立面现状照片

长巷三条 1 号院内立面现状照片

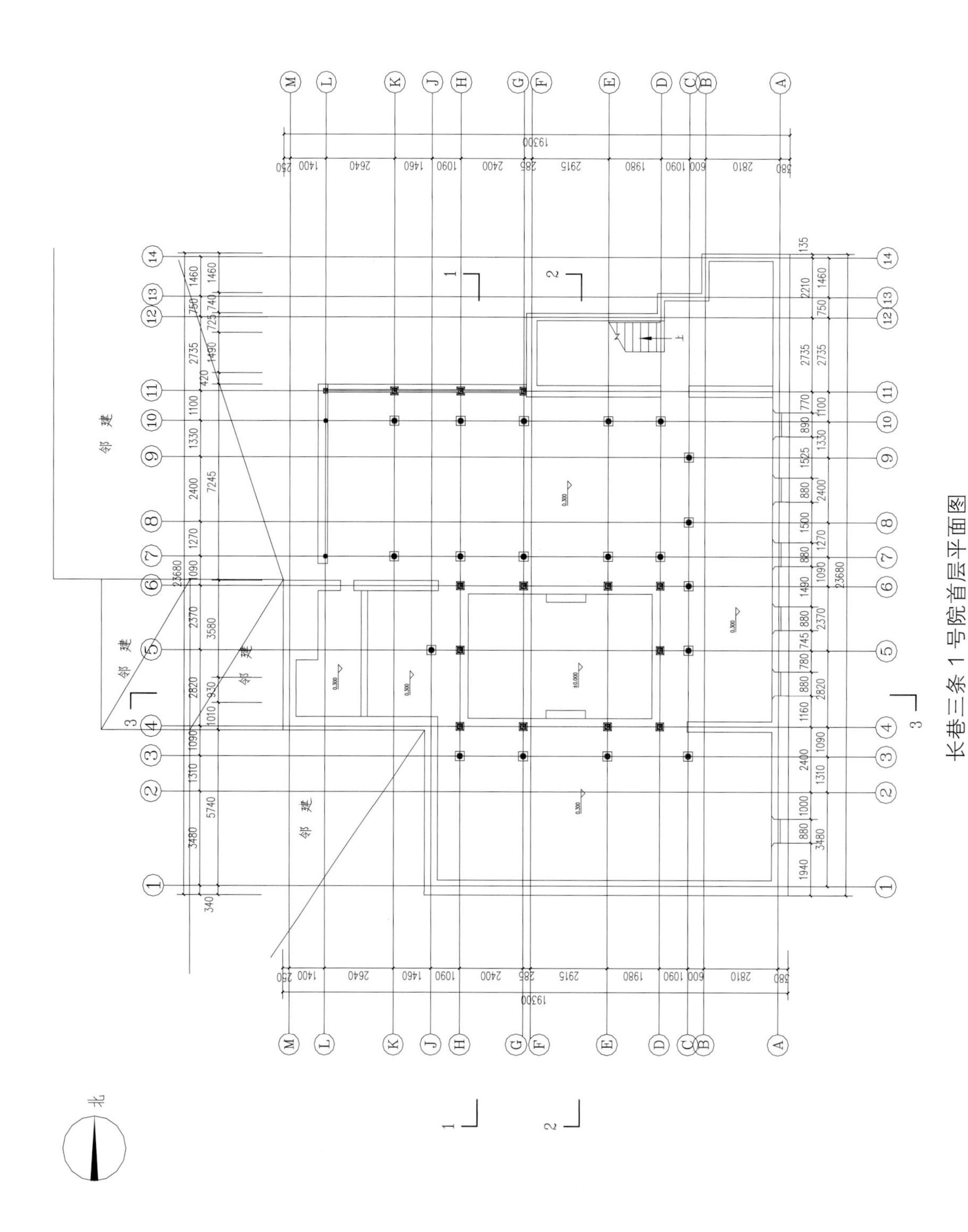

长巷三条 1 号院首层平面图

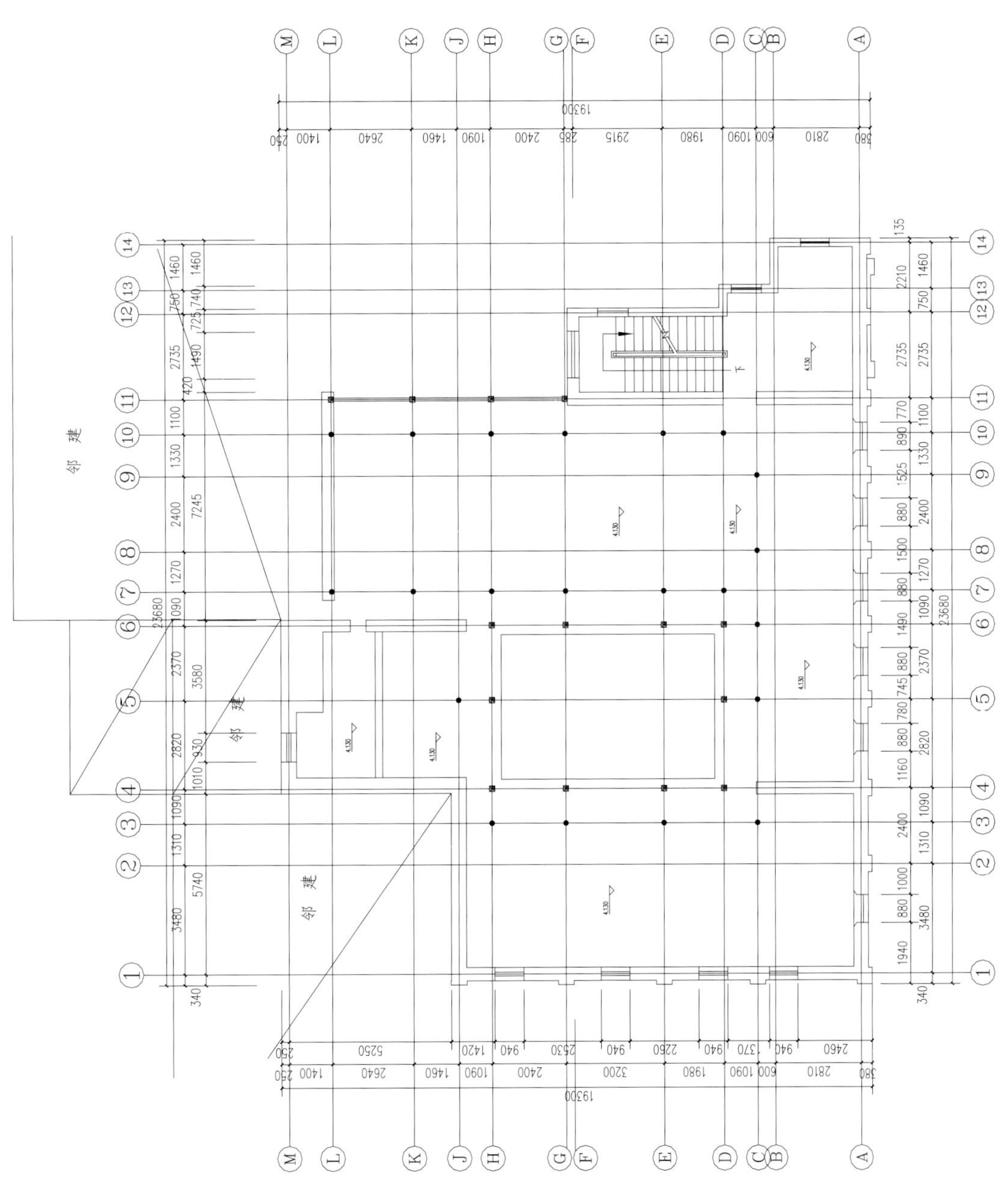

长巷三条 1 号院二层平面图

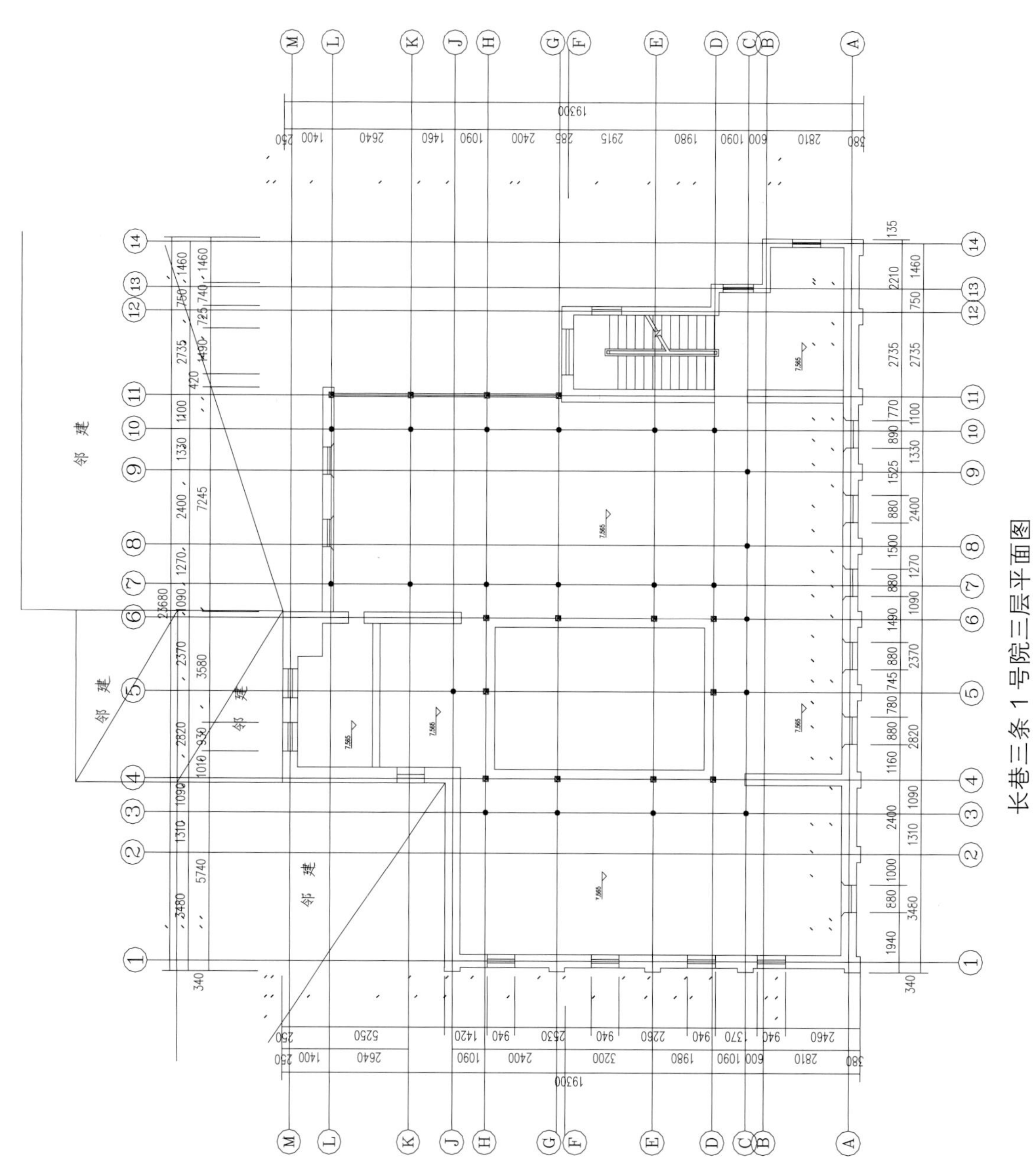

长巷三条 1 号院三层平面图

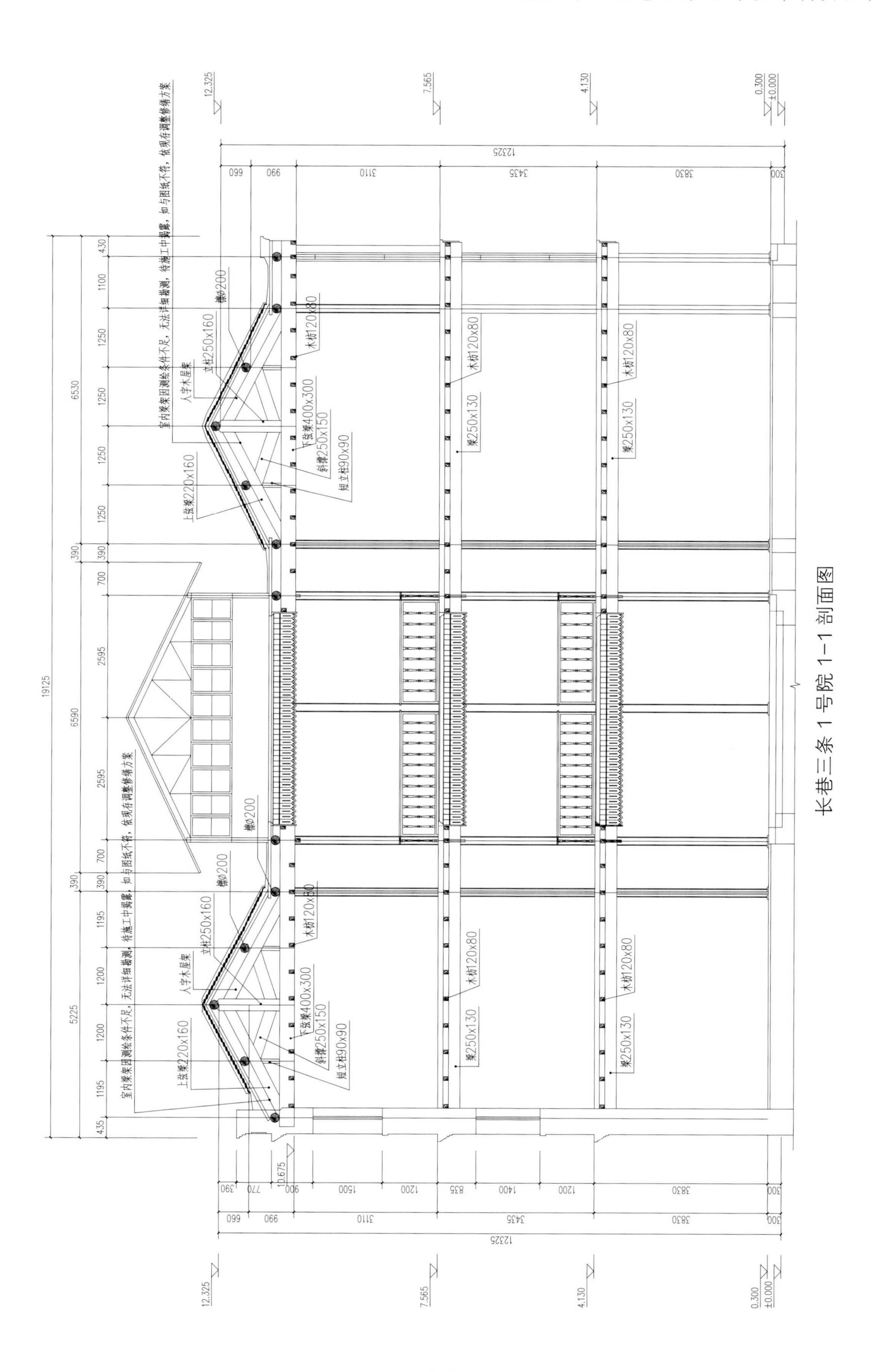

长巷三条 1 号院 1-1 剖面图

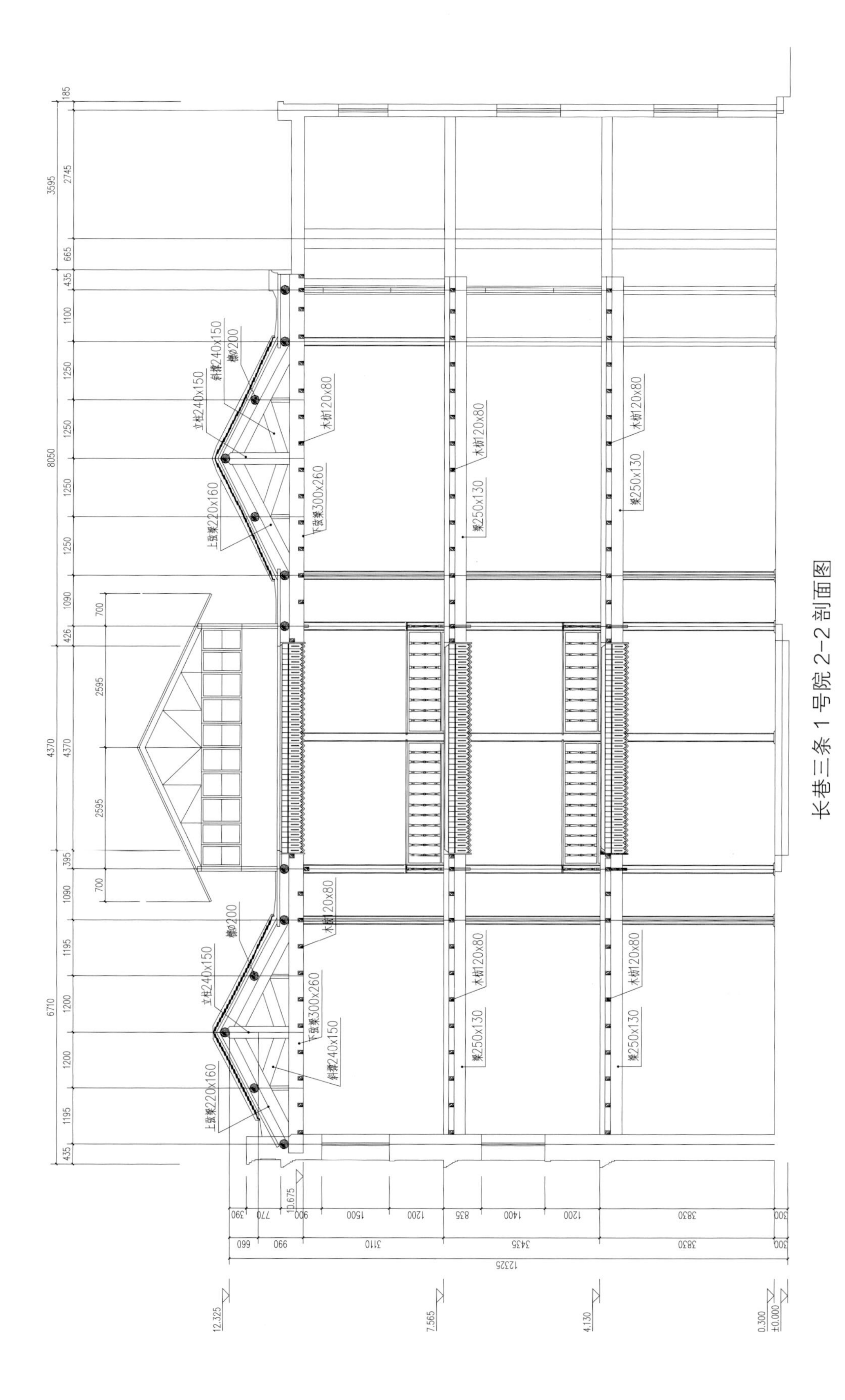

长巷二条 1 号院 2-2 剖面图

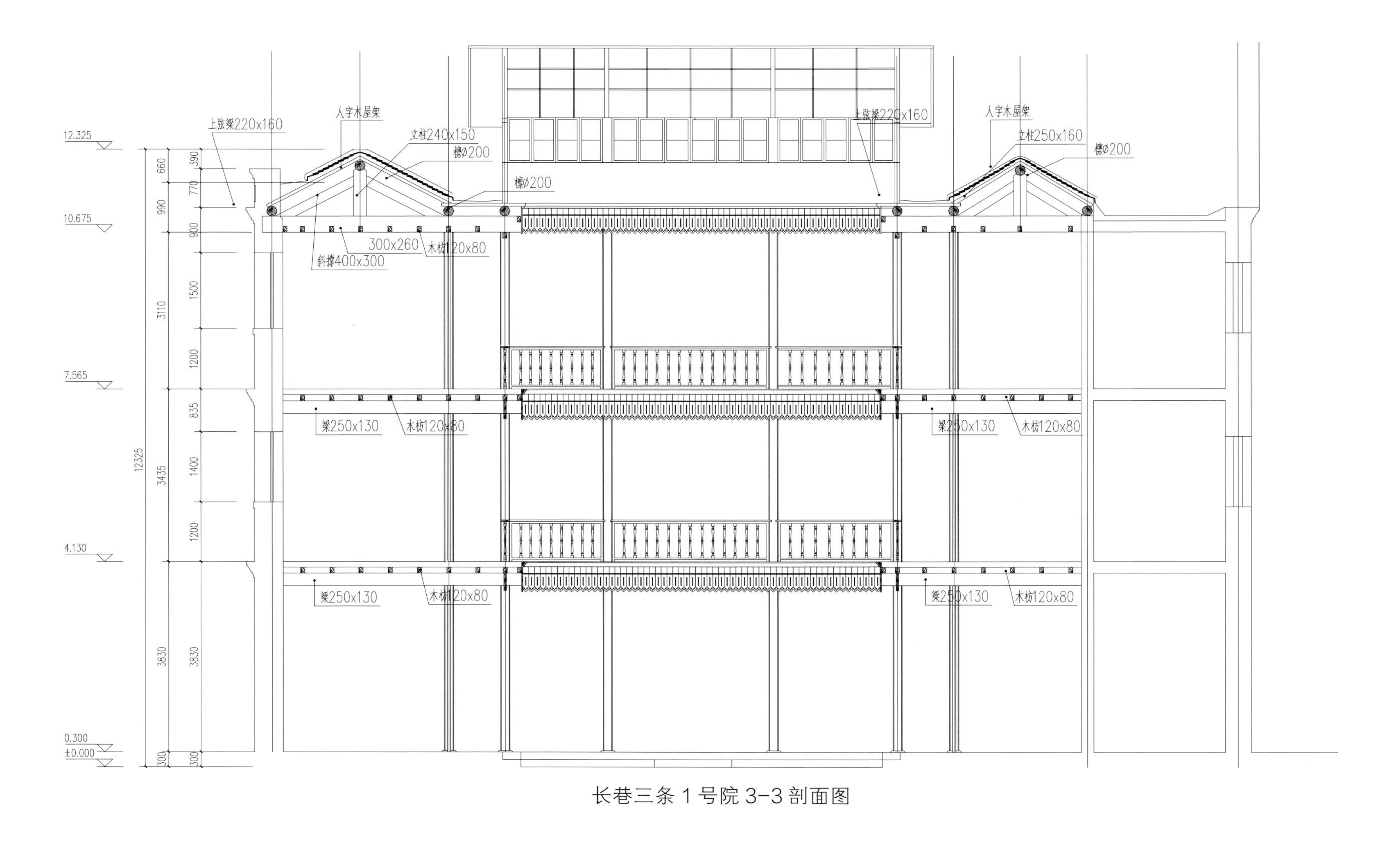

长巷三条 1 号院 3-3 剖面图

2. 检测鉴定依据与内容

2.1 检测鉴定依据

（1）业主单位及委托单位提供的技术资料

（2）《建筑结构检测技术标准》（GB/T50344—2004）

（3）《砌体工程现场检测技术标准》（GB/T50315—2011）

（4）《建筑抗震鉴定标准》（GB50023—2009）

（5）《贯入法检测砌体砂浆抗压强度技术规程》（JGJ/T 136—2001）

（6）《建筑工程抗震设防分类标准》（GB50223—2008）

（7）《建筑抗震设计规范》（GB50011—2010）

（8）《砌体结构设计规范》（GB50003—2011）

2.2 检验鉴定内容

（1）结构体系、外观质量检查；

（2）墙体砖强度、砂浆强度检测；

（3）结构安全性鉴定；

（4）结构抗震鉴定；

（5）工程处理建议。

3. 地基基础雷达探查

采用地质雷达对结构墙体及地面进行探查，雷达天线频率为 300 兆赫，路线 1 为雷达沿墙体外侧进行测试的结果，路线 2 为雷达沿墙体外侧路面测试的结果，路线 3 为雷达沿天井处一层地面的测试结果。雷达扫描路线示意见图、具体雷达测量结果见下图。

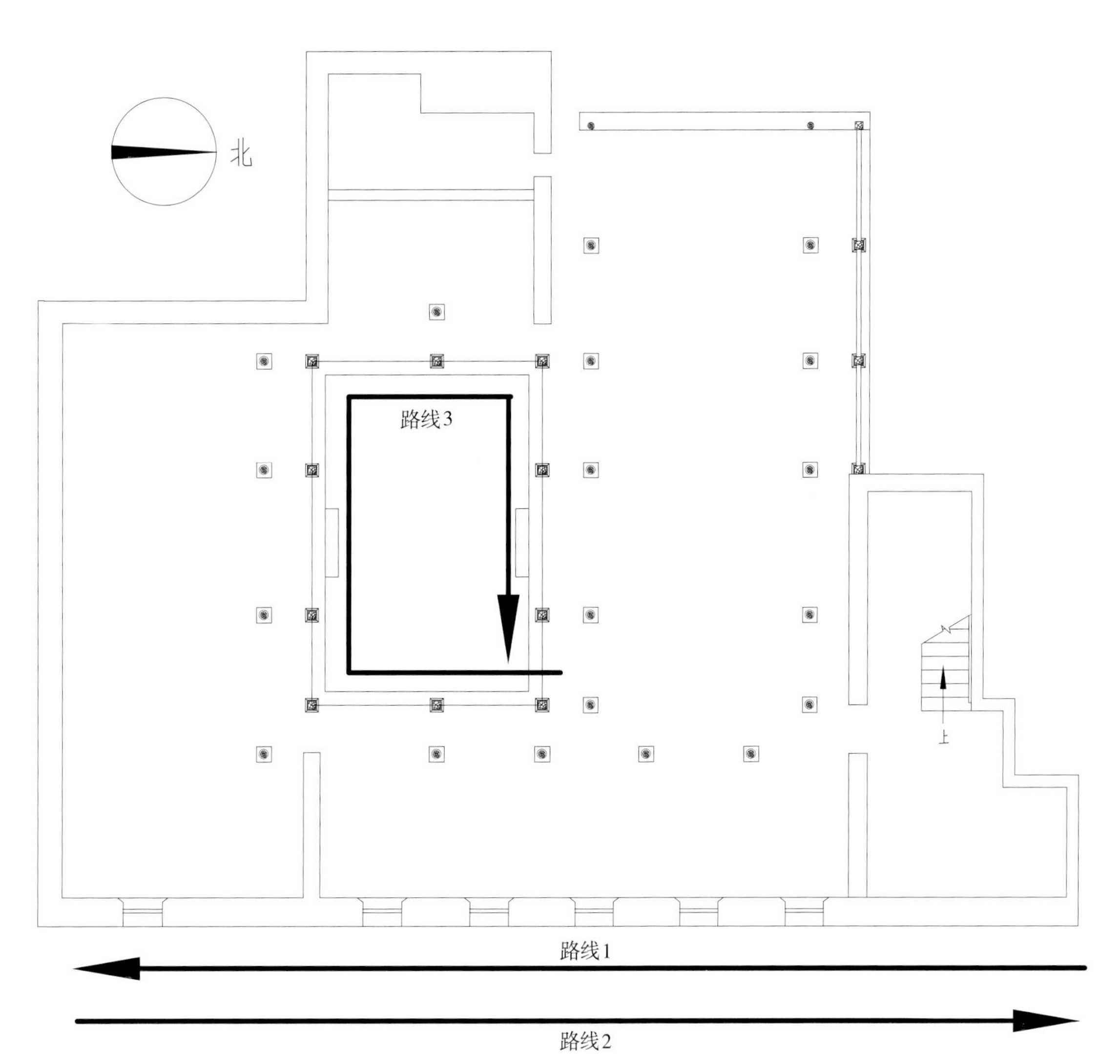

雷达扫描路线示意图

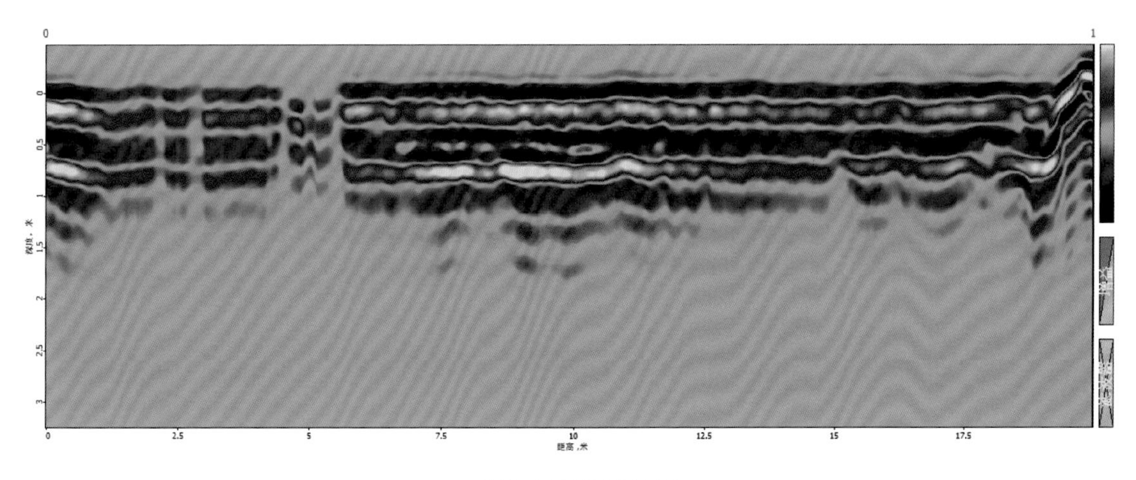

路线 1 雷达测量图

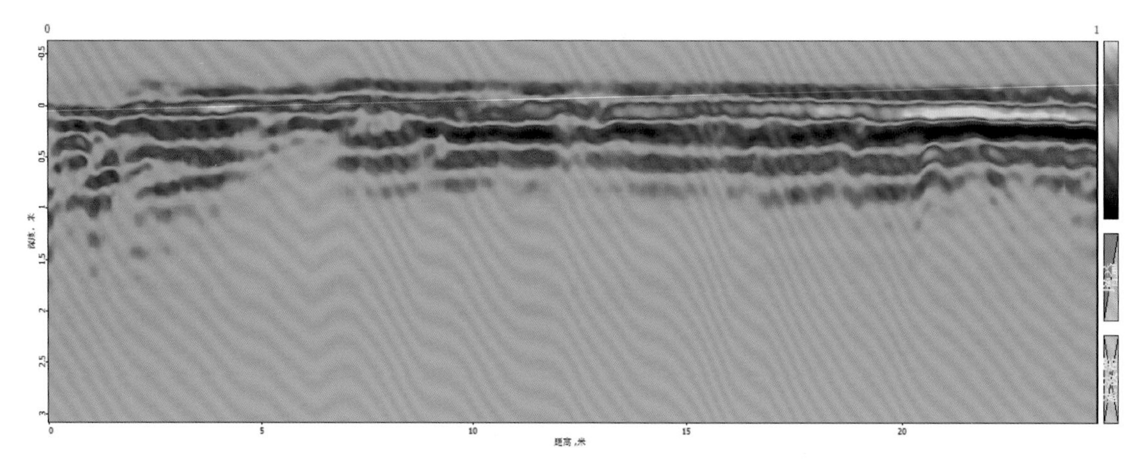

路线 2 雷达测量图

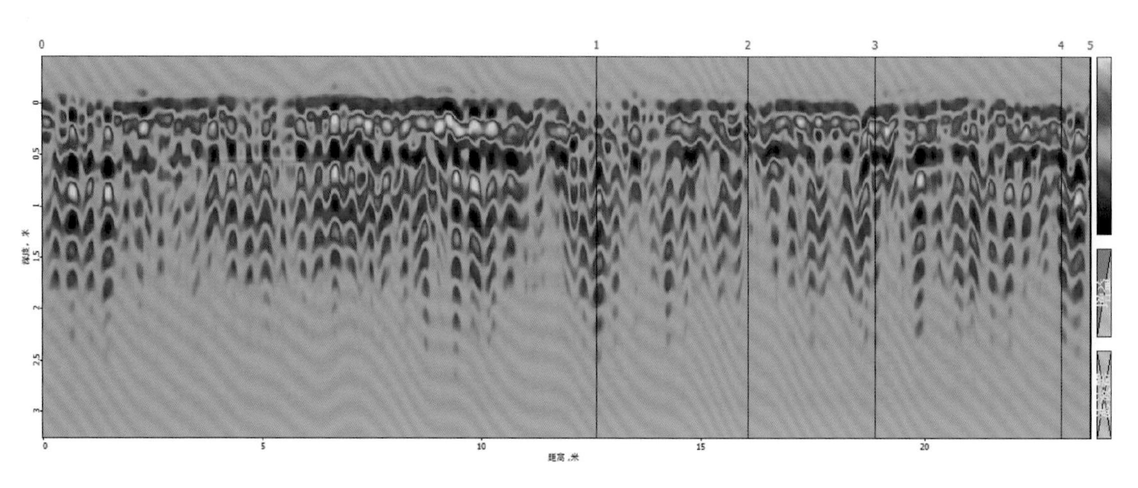

路线 3 雷达测量图

（1）由路线 1 可见，墙体反射波基本平直连续，仅在 A 处出现明显的衰减，经检查，此处为后堵的门洞，其他部位墙体未见明显异常。

（2）由路线 2 可见，外侧路面雷达反射波基本平直连续，未发现路面下部存在明显的空洞、裂缝等缺陷。

（3）由路线 3 可见，天井处室内地面下方雷达反射波相对杂乱无序，由于雷达扫描的范围位于柱础之间，此部位可能为杂填土。

由于雷达测试区域无法全面开挖与雷达图像进行比对，解释结果仅作为参考。

4. 现场检验结果

4.1 结构体系检查、构造措施检查

经检查，本结构为地上三层砖木结构。房屋中间有天井，天井平面尺寸为 4.6 米 ×7.0 米，天井上方屋盖采用轻钢屋架，其余部位楼盖为木格栅楼板，木楼板上方均铺有水泥垫层，垫层厚度约 10 厘米，屋盖采用三角木屋架。结构主要由外侧砖墙和内部木梁柱混合承重，承重砖墙由黏土砖和混合砂浆砌筑而成，房屋北侧端部为后改的混凝土楼梯。

4.2 结构外观质量检查检测结果

对本结构构件的外观质量进行检查检测，主要检查结果如下：

（1）墙体砖多处存在风化酥碱现象。

（2）外墙在窗口中间部位存在较多竖向裂缝，部分墙体在门窗洞口处出现斜向裂缝，个别裂缝宽度超过 5 毫米，存在严重安全隐患。

（3）多根承重木柱存在严重开裂现象，部分木柱曾经进行过加固。

（4）承重木柱、木梁存在糟朽现象，其中一层木柱糟朽现象较普遍，详细木构件糟朽检查情况见本报告第 6 部分（木结构材质状况勘查结果）。

（5）部分木格栅楼板存在严重的糟朽现象。

（6）天井上方屋顶部分缺损。

（7）屋顶瓦块破碎较多。

（8）屋架内部存在渗漏迹象。

具体检查结果见下表所示。

外观质量检查表

编号	楼层	轴线位置	检查结果
1	一层	1–4–A	风化酥碱现象
2	一层	1–4–J	风化酥碱现象
3	一层	11–14–A	最大裂缝宽度 0.6 毫米，裂缝长度约 2.0 米

续表

编号	楼层	轴线位置	检查结果
4	一至三层	9-11-A	1～3层墙体窗口中间竖向开裂，最大裂缝宽度1.0毫米，裂缝贯通
5	一至三层	8-9-A	1～3层墙体窗口中间竖向开裂，最大裂缝宽度1.0毫米，裂缝贯通
6	三层	6-8-A	墙体窗口中间竖向开裂，最大裂缝宽度0.6毫米，裂缝贯通
7	一至三层	5-6-A	1～3层墙体窗口中间竖向开裂，最大裂缝宽度7.0毫米，裂缝贯通
8	一至三层	4-5-A	1～3层墙体窗口中间竖向开裂，最大裂缝宽度8.0毫米，裂缝贯通
9	一至三层	1-4-A	1～3层墙体窗口中间竖向开裂，最大裂缝宽度4.0毫米，裂缝贯通
10	二层	1-A-B	墙体窗口上竖向裂缝，最大裂缝宽度1.5毫米，裂缝长度约0.6米
11	二层	1-C-E	墙体窗口上竖向裂缝，最大裂缝宽度2.5毫米，裂缝长度约0.6米
12	二层	1-F-G	墙体窗口上竖向裂缝1条，最大裂缝宽度5.0毫米，裂缝长度约0.6米
13	二层	1-G-J	墙体窗口上竖向裂缝3条，最大裂缝宽度1.0毫米，裂缝长度约0.6米
14	二层	1-2-J	墙体窗口角部斜向裂缝，最大裂缝宽度1.0毫米，裂缝长度约0.2米
15	二层	6-K-M	墙体门洞上方斜向裂缝，最大裂缝宽度12.0毫米，裂缝长度约1.5米
16	三层	11-B	墙垛斜裂缝，裂缝宽度2.0毫米，裂缝长度约0.6毫米
17	三层	1-A-C	墙体窗口上部中间裂缝，最大裂缝宽度3.0毫米，裂缝长度约1.0米
18	三层	1-C-E	墙体窗口上部中间裂缝，最大裂缝宽度4.0毫米，裂缝长度约1.0米
19	三层	1-E-G	墙体窗口上部中间裂缝，最大裂缝宽度5.0毫米，裂缝长度约1.0米
20	三层	1-G-J	墙体窗口下部中间裂缝，最大裂缝宽度2.0毫米，裂缝长度约1.0米
21	三层	1-3-J	墙体窗口上部、下部左侧裂缝，最大裂缝宽度1.0毫米，裂缝贯通
22	三层	4-J-K	墙体窗口角部斜裂缝，最大裂缝宽度1.0毫米，裂缝贯通

续表

编号	楼层	轴线位置	检查结果
23	三层	6–J–K	墙体门洞及左侧竖向裂缝，最大裂缝宽度3.0毫米，裂缝贯通
24	三层	6–11–L	墙体窗口上、下部中间裂缝，最大裂缝宽度1.0毫米，裂缝贯通
25	一层	3–4–C–E	顶部木楼板糟朽破损
26	一层	6–7–G–J	顶部木楼板糟朽破损
27	一层	6–7–K–M	顶部木楼板糟朽破损
28	一层	4–6–K–M	顶部木楼板糟朽破损
29	一层	11–14–A–B	顶部木楼板糟朽破损
30	二层	13–14–A–B	顶部木楼板糟朽破损
31	二层	5–6–A–B	顶部木楼板糟朽破损
32	三层	5–6–C–D	顶部木顶棚糟朽破损
33	一层	10–G	木柱竖向裂缝，最大裂缝宽度5.5毫米，裂缝深约45毫米，埋入墙体
34	一层	10–H	木柱竖向裂缝，最大裂缝宽度8.0毫米，裂缝深约60毫米，埋入墙体
35	一层	11–H	木柱竖向裂缝，最大裂缝宽度17.0毫米，裂缝深约70毫米
36	一层	11–K	木柱斜裂缝，最大裂缝宽度6.0毫米，裂缝深约40毫米，木柱底部糟朽
37	一层	7–E	木柱斜裂缝，最大裂缝宽度4.0毫米，裂缝深约30毫米
38	二层	7–H	木柱竖向裂缝，最大裂缝宽度13.0毫米，裂缝深约70毫米
39	三层	7–E	木柱竖向裂缝，裂缝宽度10.0毫米，裂缝深约85毫米
40	三层	10–K	木柱底部开裂，裂缝最大宽度8.0毫米，裂缝深约50毫米
41	三层	10–G	木柱开裂，裂缝最大宽度5.0毫米，裂缝深约80毫米
42	三层	5–J	木柱开裂，裂缝最大宽度10.0毫米，裂缝深约45毫米
43	一层	10–K	木柱底部糟朽
44	一层	6–A–B	木梁糟朽
45	一层	6–C	木柱底部糟朽
46	一层	3–C	木柱底部糟朽
47	二层	6–C–D	木梁开裂糟朽
48	三层	4–5–H–J	屋盖损坏，有较大空隙
49	三层	5–6–A–C	瓦片大面积破碎
50	三层	5–6–A–C	屋盖内侧渗漏痕迹
51	三层	1–2–A–C	屋盖内侧渗漏痕迹

1-4-A 轴墙（一层）

1-4-J 轴墙（一层）

11-14-A 轴墙（一至三层）

4-5-A 轴墙（一至三层）

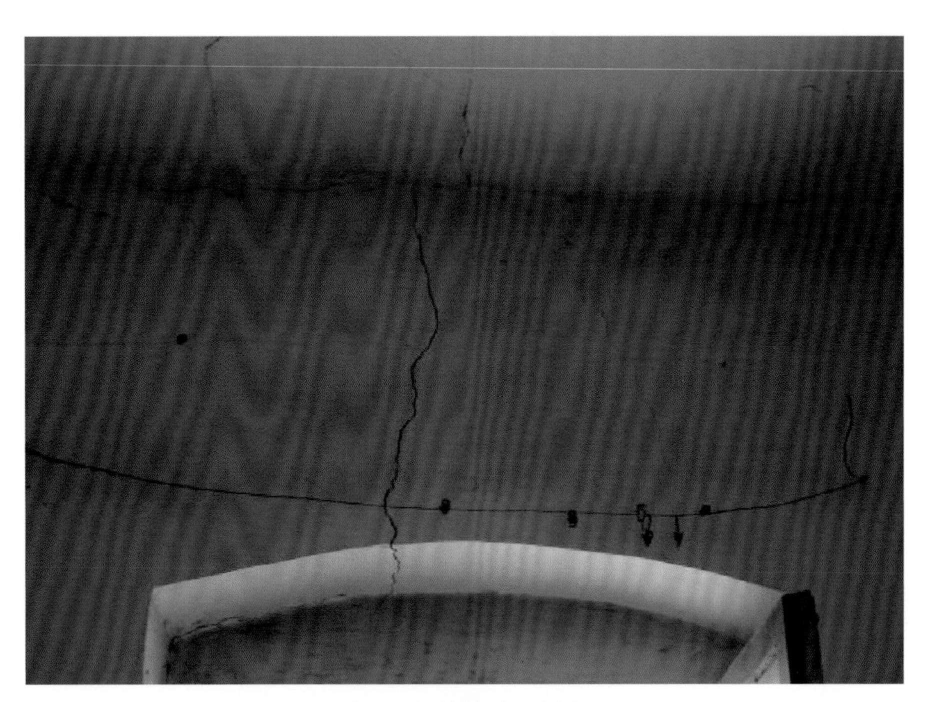

1-C-E 轴墙（二层）

1-F-G 轴墙（二层）

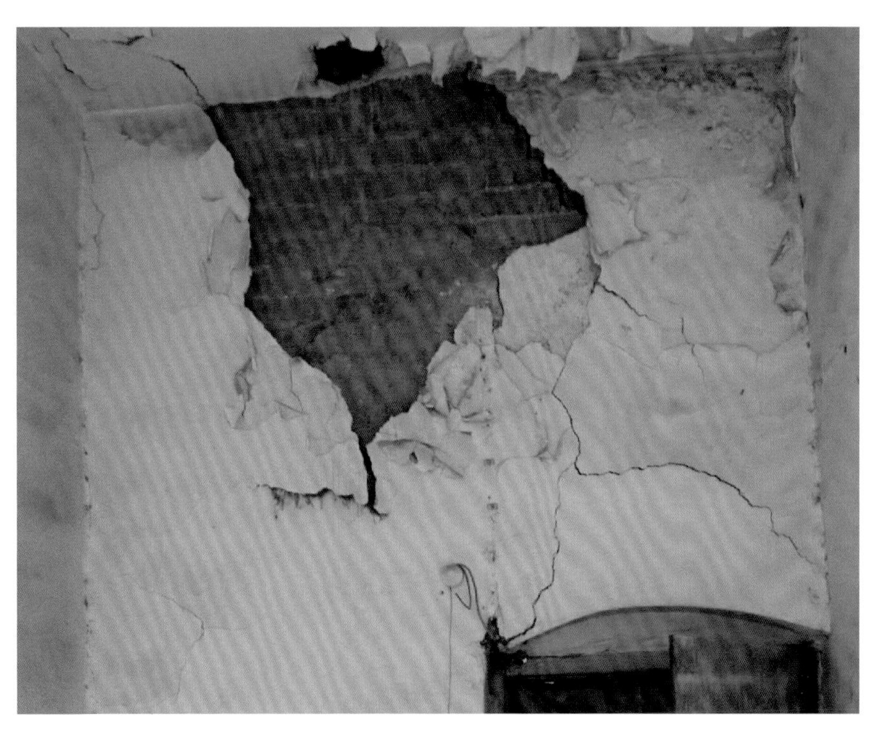

6-K-M 轴墙（二层）

11-B 轴墙垛（三层）

1-E-G 轴墙（三层）

1-G-J 轴墙（三层）

6-7-K-M 轴顶板（三层顶）

4-6-K-M 轴顶板（三层顶）

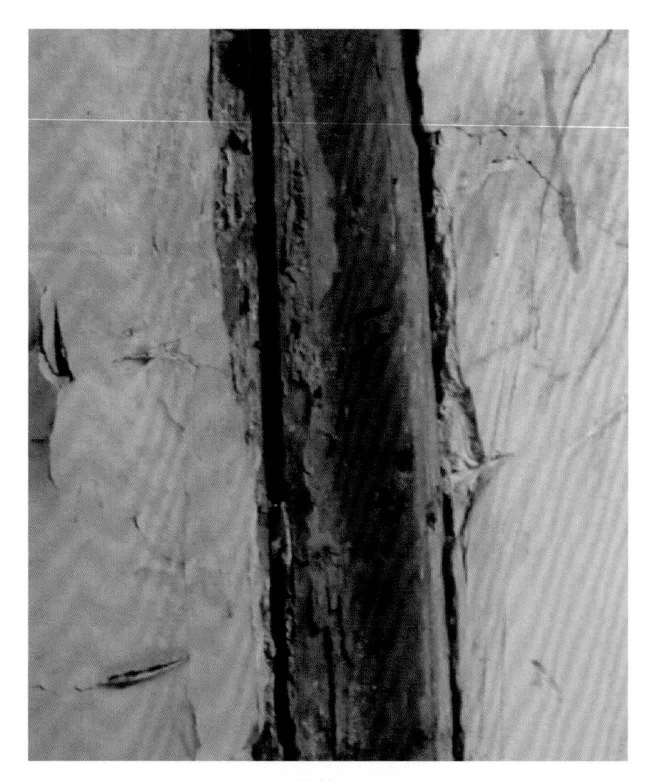

10-G 轴柱（一层）

10-H 轴柱（一层）

10–K 轴柱（一层）

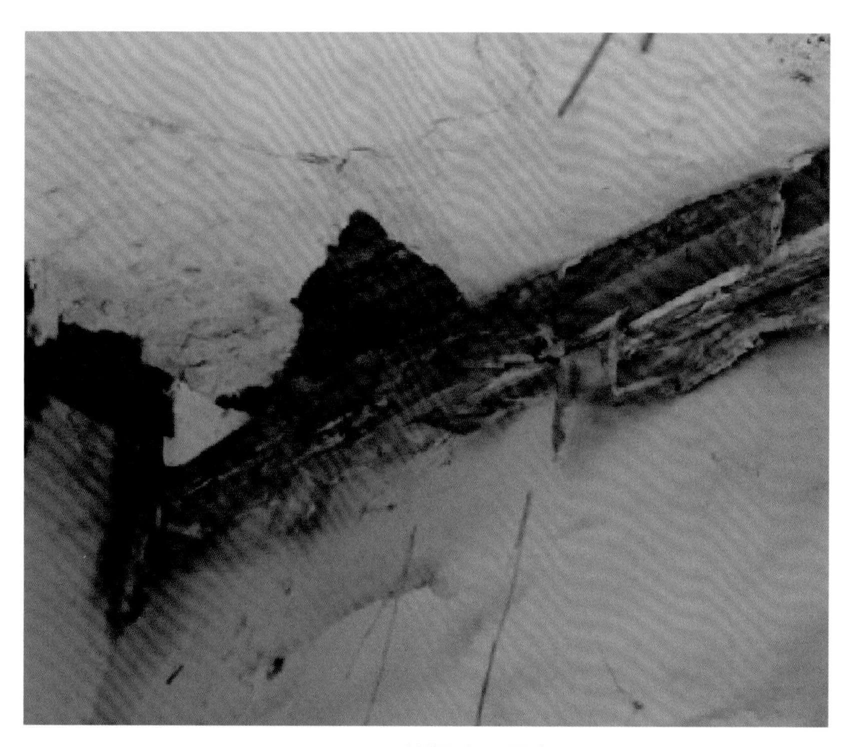

6–A–B 轴梁（一层）

6-C 轴柱（一层）

3-C 轴柱（一层）

6-C-D 轴梁（二层）

4-5-H-J 轴顶（三层）

5-6-A-C 轴屋面

5-6-A-C 轴顶（三层）

4.3 砌体砖墙强度检验结果

采用回弹法检测砌体墙的砖强度，根据 GB/T 50315—2011，推定一层及三层砖的强度等级为 <MU7.5，推定二层砖的强度等级为 MU7.5，统计结果见下表。

墙砖强度回弹检测表

层数	平均值（兆帕）	标准差（兆帕）	变异系数	标准值（兆帕）	最小值（兆帕）	推定等级
一层	6.7	2.10	0.31	2.95	3.8	<MU7.5
二层	7.8	0.88	0.11	6.22	6.3	MU7.5
三层	7.7	2.11	0.27	3.91	4.9	<MU7.5

采取贯入法检测砌体墙的砂浆强度，根据 JGJ/T 136—2001 评定砂浆强度一层～三层为 0.53 兆帕，统计结果见下表。

砌筑砂浆强度检测表

<table>
<tr><th>楼层</th><th>墙体位置</th><th>砂浆强度（兆帕）</th><th>平均值 / 最小值（兆帕）</th><th>推定值（兆帕）</th></tr>
<tr><td rowspan="6">一层</td><td>1-E-G</td><td>0.70</td><td rowspan="6">0.78/0.40</td><td rowspan="6">0.53</td></tr>
<tr><td>4-5-J</td><td>0.40</td></tr>
<tr><td>6-J-K</td><td>0.60</td></tr>
<tr><td>7-8-L</td><td>1.10</td></tr>
<tr><td>10-11-M</td><td>0.70</td></tr>
<tr><td>13-C-D</td><td>1.20</td></tr>
<tr><td rowspan="8">二层</td><td>9-10-A</td><td>0.80</td><td rowspan="8">0.90/0.40</td><td rowspan="8">0.53</td></tr>
<tr><td>1-A-B</td><td>1.10</td></tr>
<tr><td>6-8-A</td><td>1.00</td></tr>
<tr><td>5-6-A</td><td>1.00</td></tr>
<tr><td>1-E-G</td><td>0.70</td></tr>
<tr><td>1-2-J</td><td>1.20</td></tr>
<tr><td>3-4-J</td><td>1.00</td></tr>
<tr><td>6-J-K</td><td>0.40</td></tr>
</table>

续表

楼层	墙体位置	砂浆强度（兆帕）	平均值 / 最小值（兆帕）	推定值（兆帕）
三层	13–B–C	0.60	0.73/0.40	0.53
	5–6–A	0.70		
	1–A–B	0.50		
	1–2–A	1.50		
	1–D–E	0.80		
	1–G–H	0.40		
	3–4–J	0.40		
	4–J–K	0.80		
	7–8–M	0.90		

4.4 墙体倾斜测量

在墙体外侧测量各层墙体的倾斜情况，检测发现，墙体顶部均存在一定程度的外倾，倾斜测量结果见下表所示。

墙体倾斜测量表

编号	轴线	一层偏移量 / 毫米（1.6 米高度范围内）	二层偏移量 / 毫米（2 米高度范围内）
1	13–14–A	22	1
2	11–12–A	26	5
3	10–11–A	24	4
4	8–9–A	24	9
5	7–8–A	30	8
6	5–6–A	34	7
7	4–5–A	21	16
8	2–3–A	22	8
9	1–2–A	21	14

5. 木结构材质状况勘查

5.1 含水率检测结果

经检测，一层木构件含水率 11.00%～16.60%，平均含水率为 13.35%；二层木构件含水率 9.50%～15.80%，平均含水率为 11.43%；三层木构件含水率 8.00%～13.10%，平均含水率为 10.56%。从中可以看出，一层木构件的含水率略高于其他两层，现场对一层立柱的材质状况进行重点勘查。

5.2 材质状况检测结果

一层检测结果

一层存在的主要问题为腐朽，通过普查发现柱 6-H、柱 6-C、柱 11-K 及梁 6-7-H 等构件存在明显腐朽。

因一层含水率较高，所以利用阻抗仪对立柱进行逐个检测。检测结果表明，大部分立柱与地面接触区域都存在一定的腐朽，其中存在中度腐朽及以上的有柱 6-C、10-H、3-C、10-E、6-H、11-K、4-D、7-E、7-D、9-C、10-D、7-G、10-K；存在轻度腐朽的有柱 6-E、7-H、5-H、4-H、4-E、3-E、5-D、6-G、8-C、7-K，材质良好或稍有下降的为柱 5-J、4-G、3-G、11-H、10-G。此外，梁 6-7-H、3-4-E、3-4-G、6-A-B 端部存在腐朽。

检测结果详细列表及照片如下所示。

一层立柱阻抗仪检测表

立柱编号	立柱尺寸（厘米）	检测高度（厘米）	平面腐朽情况	腐朽深度范围（厘米）
6-C	D18	20	重度腐朽	1～6；9～12
6-C	D18	50	重度腐朽	4～16
6-C	D18	100	中度腐朽及以上	9～16
10-H	D20	20	重度腐朽	3～15
10-H	D20	100	轻度腐朽	10～13
3-C	D18	20	重度腐朽或开裂	11～18

续表

立柱编号	立柱尺寸（厘米）	检测高度（厘米）	平面腐朽情况	腐朽深度范围（厘米）
3-C	D18	50	重度腐朽或开裂	11～18
10-E	D18	20	重度腐朽	12～18
10-E	D18	50	中度腐朽	5～11
10-E	D18	100	轻度及以上	5～10
6-H	18*18	上部	严重腐朽	肉眼可见
11-K	D20	根部	腐朽	肉眼可见
4-D	18*18	20	中度腐朽	0～17
4-D	18*18	50	轻度腐朽	0～11
7-E	D18	20	中度腐朽及以上	6～18
7-E	D18	50	中度腐朽及以上	5～12
7-E	D18	100	中度腐朽及以上	5～13
7-D	D18	20	中度腐朽	5～11
7-D	D18	50	中度腐朽	7～11
9-C	D18	20	中度腐朽及以上	5～13
9-C	D18	50	中度腐朽及以上	5～11
10-D	D18	20	中度腐朽	4～11
7-G	D18	20	中度腐朽	0～5
10-K	D20	20	重度腐朽或开裂	5～18
10-K	D20	50	重度腐朽或开裂	6～18
6-E	18*18	20	轻度腐朽	0～18
7-H	D18	20	轻度腐朽	5～9
5-H	18*18	20	轻度腐朽	0～4
4-H	18*18	20	轻度腐朽	9～13
4-E	18*18	20	轻度腐朽	13～18
3-E	D18	20	轻度腐朽	7～18
5-D	18*18	20	轻度腐朽	13～18
6-G	18*18	20	轻度腐朽	0～5
8-C	D18	20	轻度腐朽	1～7
7-K	D18	20	轻度腐朽	1～5

一层 6-H 柱上部腐朽（一）

一层 6-H 柱上部腐朽（二）

一层 6-C 柱根部腐朽

一层 11-K 柱根部腐朽

二层检测结果

对二层木构件进行了普查，普查中含水率较高或者存在其他问题的利用阻抗仪进行了补充检测。检测结果表明，大部分立柱材质相对较好，部分立柱表面存在轻度腐朽（如柱 11-H、6-H、6-G、7-K、3-E），没有发现严重的腐朽情况。

此外，6-C-D 梁西端上部腐朽；6-7-H 梁南端上部腐朽；6-7-D 梁南端上部腐朽；5-C-D 梁西端上部腐朽；3-4-G 梁北端上部腐朽；6-7-E 梁南端上部腐朽，并存在开裂或者空洞；6-7-K 梁南端有开裂。

6-C-D 梁西端上部腐朽

6-7-H 梁南端上部腐朽

三层检测结果

对三层木构件进行普查，普查中含水率较高或者存在其他问题的利用阻抗仪进行了补充检测。检测结果表明，7-K柱中度腐朽及以上、6-D柱与楼板相接处腐朽、7-H柱与楼板相接处腐朽，其余大部分立柱除材质下降外没有严重的腐朽情况。

此外，5-6-C檐檩处有水迹，檐檩位置瓦面危害严重；1-A-C檐檩处有水迹，东端腐朽；1-E-G檐檩处有水迹；7-G-H檐檩开裂，构件表面有痕迹有加固措施；其他常见材质问题多为开裂。

三层6-D柱与楼板相接处腐朽

三层7-H柱与楼板相接处腐朽

三层 1-A-C 檐檩东端腐朽

三层 1-E-G 檐檩有水迹

三层 5-6-C 檐檩有水迹

三层 5-A-C 下弦梁开裂

三层 1-3-C 下弦梁西侧开裂

三层 1-3-E 下弦梁上部开裂

5.3 树种鉴定结果

树种鉴定结果见下表所示。

树种鉴定表

编号	名称	位置	树种	拉丁学名
1	柱	一层 4–E	云杉	Picea sp.
2	柱	一层 6–H	云杉	Picea sp.
3	柱	一层 7–H	硬木松	Pinus sp.
4	柱	一层 7–K	硬木松	Pinus sp.
5	柱	一层 11–K	落叶松	Larix sp.
6	柱	二层 6–D	云杉	Picea sp.
7	柱	二层 6–H	云杉	Picea sp.
8	柱	二层 7–H	硬木松	Pinus sp.
9	柱	二层 7–K	硬木松	Pinus sp.
10	柱	三层 6–D	云杉	Picea sp.
11	柱	三层 6–H	云杉	Picea sp.
12	柱	三层 7–H	硬木松	Pinus sp.
13	柱	三层 7–K	硬木松	Pinus sp.
14	楼板梁	一层 6–7–H	云杉	Picea sp.
15	楼板梁	一层 10–11–H	云杉	Picea sp.
16	楼板梁	一层 10–11–K	云杉	Picea sp.
17	楼板梁	二层 6–C–D	云杉	Picea sp.
18	楼板梁	二层 6–7–D	云杉	Picea sp.
19	楼板梁	二层 6–7–H	云杉	Picea sp.
20	楼板梁	二层 11–12–C	软木松	Pinus sp.
21	下弦梁	三层 1–3–C	云杉	Picea sp.
22	下弦梁	三层 1–3–E	云杉	Picea sp.
23	下弦梁	三层 5–J–L	云杉	Picea sp.
24	立柱	三层 2–C	云杉	Picea sp.

续表

编号	名称	位置	树种	拉丁学名
25	立柱	三层 2-E	云杉	Picea sp.
26	立柱	三层 5-K	云杉	Picea sp.
27	上弦梁	三层 2-3-C	云杉	Picea sp.
28	上弦梁	三层 2-3-E	云杉	Picea sp.
29	上弦梁	三层 5-K-L	云杉	Picea sp.
30	脊檩	三层 2-B-C	硬木松	Pinus sp.
31	脊檩	三层 2-C-E	硬木松	Pinus sp.
32	脊檩	三层 4-5-K	硬木松	Pinus sp.
33	金檩	三层 3-B-C	硬木松	Pinus sp.
34	金檩	三层 3-C-E	硬木松	Pinus sp.
35	檐檩	三层 3-B-C	硬木松	Pinus sp.
36	檐檩	三层 3-C-E	硬木松	Pinus sp.

6. 结构安全鉴定

6.1 房屋损坏原因分析和结构构件安全性鉴定评级

依据《民用建筑可靠性鉴定标准》GB50292—1999，对结构进行安全性鉴定评级。

对该结构承重墙进行受压承载力验算所采用的基本参数为：

（1）恒、活荷载标准值参考《建筑结构荷载规范》（GB50009—2012）并结合实际情况进行取值，楼面恒荷载标准值取 2.5 千牛 / 平方米，楼面活荷载标准值取 2.0 千牛 / 平方米，屋面恒荷载标准值取 3.0 千牛 / 平方米，屋面活荷载标准值按不上人屋面取 0.5 千牛 / 平方米，隔墙线荷载取 3.0 千牛 / 米。

（2）材料强度：一、三层砖强度取 5.0 兆帕，二层砖强度取 7.5 兆帕，墙体砂浆强度取 0.50 兆帕。

验算采用中国建筑科学研究院 PKPMCAD 工程部编制的 PKPM 系列软件，建立的结构模型见下图。

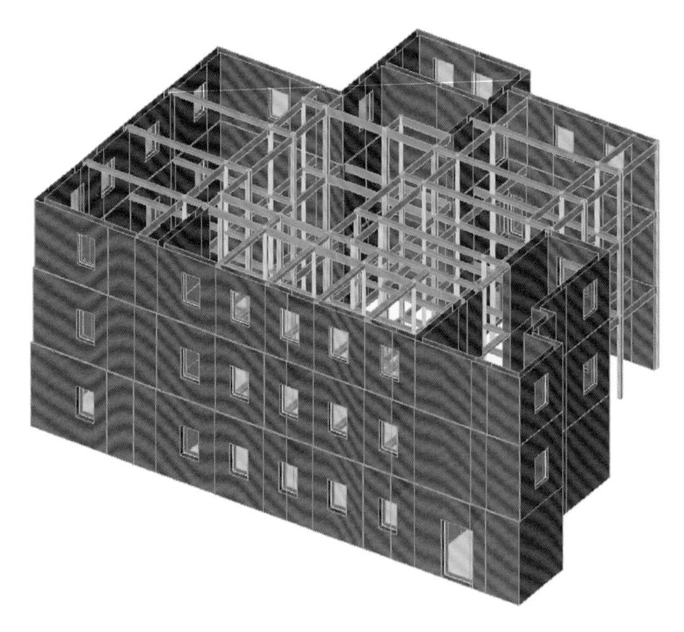

结构计算模型

各楼层的受压承载力验算结果见下图。

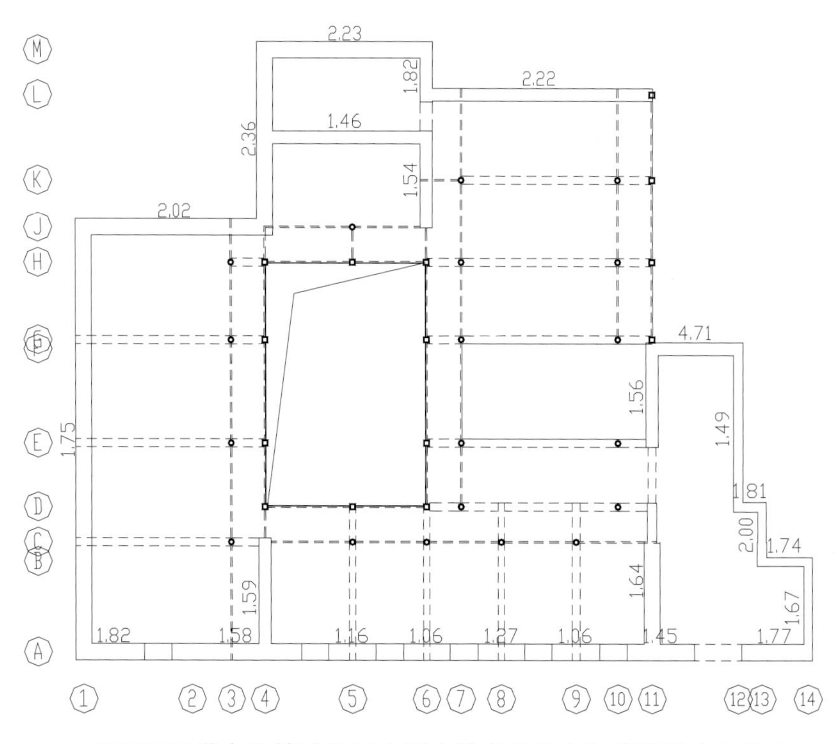

一层受压承载力验算结果图（图中数字为抗力与荷载效应之比）

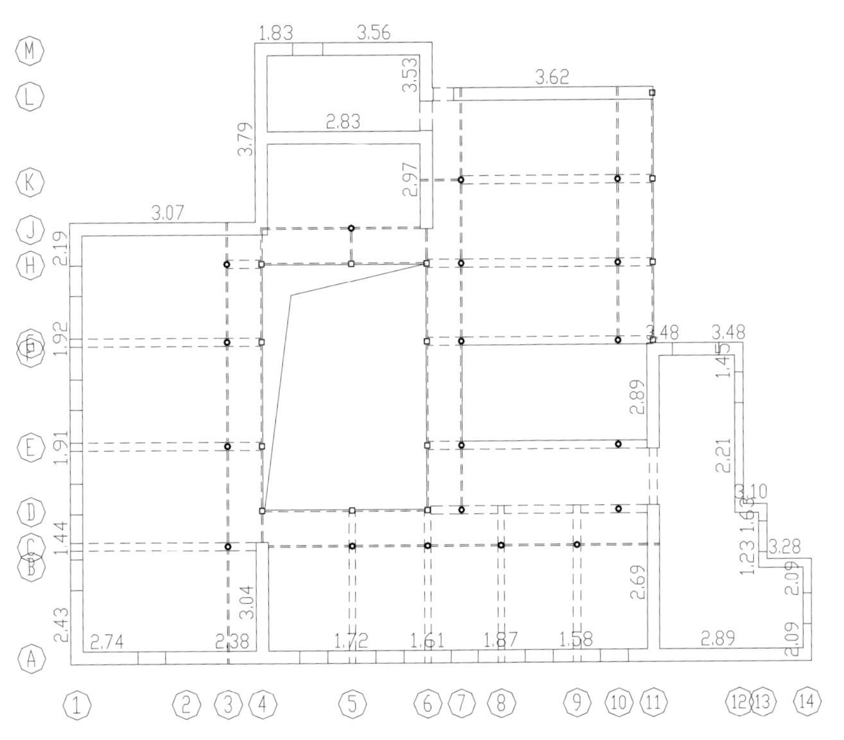

二层受压承载力验算结果图（图中数字为抗力与荷载效应之比）

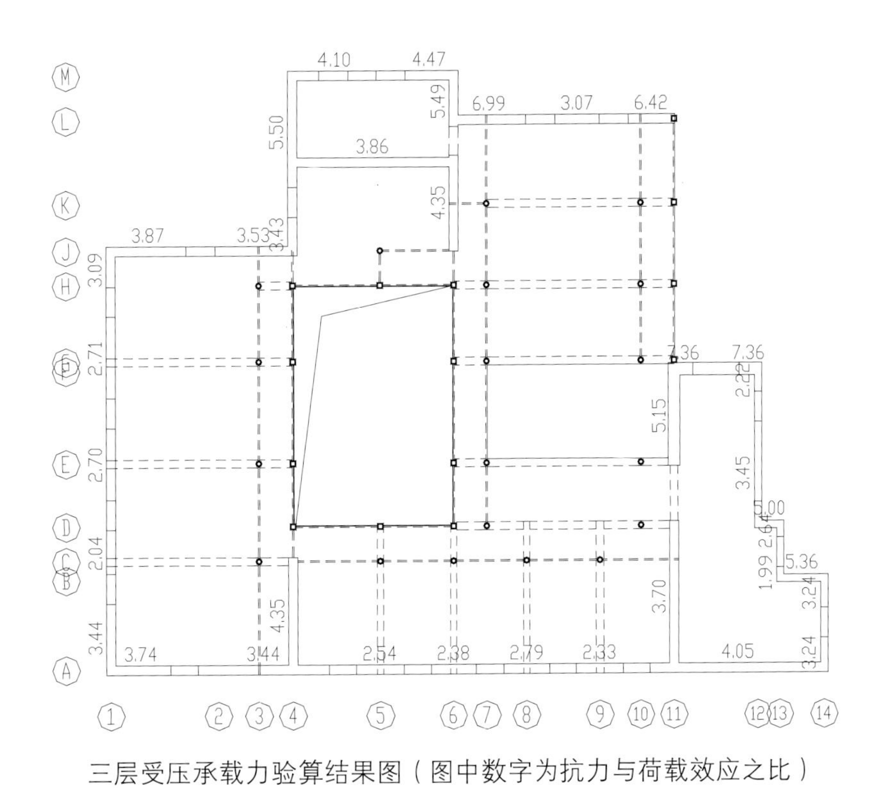

三层受压承载力验算结果图（图中数字为抗力与荷载效应之比）

6.2 构件的安全性鉴定

砌体构件安全性鉴定

砌体构件的安全性等级按承载能力、构造以及不适于继续承载的位移和裂缝等四个检查项目，分别评定每一受检构件，并取其中最低一级作为该构件的安全性等级。

（1）承载能力评定

砖墙：经计算，本结构各层墙体 $R \geqslant 1.00\gamma_0 S$，承载能力满足标准要求，但由于墙体砖普遍存在风化酥碱现象，均评为 b_u 级。

（2）构造措施评定

该结构整体性构造和连接基本符合规范要求，均评为 b_u 级。

（3）位移评定

经检查，一层 9 处墙体层间位移超过 20 毫米，评为 d_u 级，其余构件均评为 b_u 级。

（4）裂缝评定

经检查，一层 3 面墙体裂缝较严重，最大裂缝宽度均超过 5 毫米，评定为 d_u 级构件；二层 5 面墙体裂缝较严重，最大裂缝宽度均超过 5 毫米，评定为 d_u 级构件；三层 5 面墙体裂缝较严重，最大裂缝宽度均超过 5 毫米，评定为 d_u 级构件，其余构件均评为 b_u 级。

木构件安全性鉴定

木结构构件的安全性等级按承载能力、构造、不适于继续承载的位移（或变形）和裂缝以及危险性的腐朽和虫蛀等六个检查项目，分别评定每一受检构件，并取其中最低一级作为该构件的安全性等级。

（1）承载能力评定

木梁柱：承载状况基本正常，由于木梁柱普遍存在干缩裂缝，均评为 b_u 级。

（2）构造

该结构整体性构造和连接基本符合规范要求，均评为 b_u 级。

（3）腐朽评定

1）木柱：一层 13 根木柱存在较严重腐朽，评定为 d_u 级构件；三层 3 根木柱存在腐朽，评定为 d_u 级构件，其余构件均评为 b_u 级。

2）木梁：一层 3 根楼板梁端部存在较严重腐朽，评定为 d_u 级构件；二层 6 根楼板梁端部存在较严重腐朽，评定为 d_u 级构件，其余构件均评为 b_u 级。

3）木楼板：一层5处木楼板存在较严重糟朽破损，评定为 d_u 级构件；二层2处木楼板存在较严重糟朽破损，评定为 d_u 级构件；三层1处木顶棚存在较严重糟朽破损，评定为 d_u 级构件，其余构件均评为 b_u 级。

4）木屋盖：3处屋面存在渗漏迹象，评定为 d_u 级构件，其余构件均评为 b_u 级。

6.3 结构系统的鉴定评级

地基基础鉴定评级

通过现场勘查，房屋存在由基础不均匀沉降引起的墙体开裂，但由于房屋已使用多年，基础构件工作状况已趋稳定正常。根据对地基变形和上部结构反应状况的检查结果，按GB50292—1999第6.2.8条规定，地基基础子单元安全性等级可评定为 $\mathrm{B_u}$ 级。

上部承重结构鉴定评级

该房屋采用砖木混合承重的结构形式，结构布置不合理，存在薄弱环节，结构整体性等级评定为 $\mathrm{C_u}$ 级；经检查，结构存在明显侧向位移，侧向位移等级评定为 $\mathrm{D_u}$ 级；根据构件评定结果，砖墙安全性等级评定为 $\mathrm{D_u}$ 级；木构件安全性等级评定为 $\mathrm{D_u}$ 级；楼板安全性等级评定为 $\mathrm{D_u}$ 级。上部承重结构子单元安全性等级评定为 $\mathrm{D_u}$ 级。

围护结构系统的鉴定评级

根据GB 50292—1999第7.4.5条，可评定为 B_u 级。

6.4 鉴定单元的鉴定评级

综合上述，根据GB50292—1999第8.1.1条和第8.1.2条，房屋的安全性等级评为 $\mathrm{D_{su}}$ 级，必须立即采取措施。

7. 结构抗震鉴定

7.1 第一级鉴定

根据《建筑抗震鉴定标准》对该楼的抗震措施进行鉴定。本结构为砖木混合承重结构，标准中对于木结构的鉴定范围不超过两层，对于砖墙承重的空旷房屋鉴定范围不超过一层，由于本结构为三层，超出了以上规定，所以参照多层砌体结构的鉴定方法对本结构的砌体部分进行鉴定。本建筑在70年代以前建造，按后续使用年限30年考虑，确定本建筑为A类建筑；根据国家标准《建筑抗震设防分类标准》确定本建筑抗震设防类别为丙类；本地区设防烈度为8度，按照8度的要求检查其抗震措施。检查结果如下表所示。

房屋抗震构造措施检查表

<table>
<tr><th colspan="2">项目</th><th>标准要求</th><th>结果</th><th>实际情况</th></tr>
<tr><td rowspan="11">结构体系</td><td>结构体系</td><td>对于木结构的鉴定范围不超过二层，对于砖墙承重的空旷房屋鉴定范围不超过一层</td><td>不满足</td><td>三层砖木混合承重结构</td></tr>
<tr><td>横墙数量</td><td>横墙很少：开间≤4.2米房间占本层总面积20%以下，且开间>4.8米房间占本层总面积50%以上。</td><td>很少</td><td></td></tr>
<tr><td>房屋高度是否超限</td><td>普通砖≥240毫米：19米。</td><td>满足</td><td>12.3米</td></tr>
<tr><td>房屋层数是否超限</td><td>普通砖≥240毫米：六层。</td><td>满足</td><td>三层</td></tr>
<tr><td>房屋层高是否超限</td><td>普通砖：4米。</td><td>满足</td><td></td></tr>
<tr><td>房屋实际高宽比是否超限（房屋宽度不包括外走廊宽度）</td><td>高宽比不宜大于2.2，且高度不应大于底层平面的最长尺寸。</td><td>满足</td><td>未超限</td></tr>
<tr><td>抗震横墙最大间距是否超限值</td><td>木楼、屋盖：普通砖：7米。</td><td>不满足</td><td>开间尺寸有13米、17米</td></tr>
<tr><td>墙体布置规则性</td><td>质量刚度沿高度分布较规则均匀，楼层的质心和计算刚心基本重合或接近</td><td>基本满足</td><td></td></tr>
<tr><td>跨度不小于6米的大梁是否由独立砖柱承重</td><td>跨度不小于6米的大梁，不应由独立砖柱承重。</td><td>满足</td><td></td></tr>
<tr><td>房屋的尽端和转角处是否有楼梯间</td><td>房屋的尽端和转角处不宜有楼梯间。</td><td>不满足</td><td>楼梯布置在转角</td></tr>
<tr><td>楼、屋盖是否适宜</td><td>教学楼、医疗用房等横墙较少、跨度较大的房间，宜为现浇或装配整体式楼、屋盖。</td><td>不满足</td><td>木楼板、三角木屋架</td></tr>
<tr><td rowspan="2">承重墙体材料的实际强度等级</td><td rowspan="2">砖、砌块及砌筑砂浆强度等级</td><td>砖强度等级不宜低于MU7.5，且不低于砌筑砂浆强度等级。</td><td>不满足</td><td>一、三层砖<7.5兆帕</td></tr>
<tr><td>不宜低于M1。</td><td>不满足</td><td>砂浆强度：0.53兆帕</td></tr>
</table>

续表

<table>
<tr><th colspan="2">项目</th><th>标准要求</th><th>结果</th><th>实际情况</th></tr>
<tr><td rowspan="5">整体性连接构造</td><td rowspan="4">纵横墙交接处连接 纵横墙交接处连接</td><td>墙体平面内布置应闭合。</td><td>不满足</td><td>平面不闭合</td></tr>
<tr><td>纵横墙连接处墙体内无烟道、通风道等竖向孔道。</td><td>满足</td><td>无孔道</td></tr>
<tr><td>木屋架不应为无下弦人字屋架，隔开间有竖向支撑或有木望板和木龙骨顶棚。</td><td>满足</td><td>为有下弦的三角形木屋架</td></tr>
<tr><td>楼盖、屋盖的最小支承长度：木屋架在墙上，支承长度最小 240 毫米。</td><td>满足</td><td>超过 240 毫米</td></tr>
<tr><td>圈梁</td><td>圈梁的布置和构造是否满足要求</td><td>不满足</td><td>未发现圈梁</td></tr>
<tr><td rowspan="2">易引起局部倒塌的部件</td><td colspan="2">承重窗间墙最小宽度不宜小于 1.0 米</td><td>满足</td><td></td></tr>
<tr><td colspan="2">承重外墙尽端至门窗洞边最小距离不宜小于 1.0 米</td><td>不满足</td><td>楼梯间处外墙多处小于 1.0 米</td></tr>
</table>

根据标准规定，本结构多项明显不符合规定的要求，可不再进行第二级鉴定，评定为综合抗震能力不满足抗震鉴定要求，应对房屋采取加固或其他相应措施。

7.2 结构抗震鉴定结论

（1）本结构为三层砖木混合承重结构，结构体系不满足标准要求。

（2）本结构部分横墙间距为 13 米、17 米，超过标准最大限值 7 米的要求。

（3）楼梯间设置在房屋的尽端，不满足标准要求。

（4）横墙较少、跨度较大房间宜为现浇式或装配整体式楼、屋盖，实际为木楼板、三角木屋架，不满足标准要求。

（5）砖强度等级低于标准最低限值 MU7.5 的要求；砂浆强度为 0.53 兆帕，低于标准最低限值 M1 的要求。

（6）墙体平面内不闭合，不满足标准要求。

（7）未设置圈梁，不满足标准要求。

（8）承重外墙尽端至门洞边最小距离低于标准最低限值 1.0 米的要求。

（9）综上，评定本结构综合抗震能力不满足抗震要求，应对房屋采取加固或其他相应措施。

8. 工程处理建议

（1）鉴于本结构体系不满足要求，可采取改变结构体系的加固方案。

（2）由于房屋平面布局不合理，抗震横墙间距过大，建议增设砌体抗震墙或现浇钢筋混凝土抗震墙。

（3）建议根据相关规范要求对承载力不足及开裂的墙体进行加固修复处理。

（4）由于木楼板刚度较低，整体性较差，建议对其进行加固处理。

（5）对糟朽的木柱、木梁进行修复加固处理。

（6）建议对漏雨处屋面进行维修处理，并对楼、屋盖中存在糟朽的木构件进行修复、替换。

（7）建议修复砖墙存在的风化酥碱等病害。

（8）建议在后期改造时尽量减少楼面自重。

第六章　朱家胡同 45 号结构安全检测

1. 建筑概况

朱家胡同45号茶室，约建于清代，建筑面积约300平方米，结构形式为砖木结构，坡屋面，平面呈“凹形”。本结构为地上两层，一层层高为3.5米，檐高6.9米。该结构外观照片见下图。该结构设计施工图纸缺失。

由于本结构外观目前出现了不同程度的缺陷及损伤，为掌握该结构的性能状况，委托我司对其进行结构检测鉴定，并提出工程处理建议，为后续工作提供依据。

朱家胡同 45 号东侧外观现状照片

朱家胡同 45 号北侧外观现状照片

朱家胡同 45 号内侧现状照片

2. 检测鉴定依据与内容

2.1 检测鉴定依据

（1）《建筑结构检测技术标准》（GB/T 50344—2004）；

（2）《砌体工程现场检测技术标准》（GB/T 50315—2011）；

（3）《近现代历史建筑结构安全性评估导则》（WW/T 0048—2014）；

（4）《建筑抗震鉴定标准》（GB 50023—2009）；

（5）《建筑结构荷载规范》（GB 50009—2012）；

（6）《民用建筑可靠性鉴定标准》（GB 50292—2015）等。

2.2 检测鉴定内容

（1）结构体系检查；

（2）构件外观质量检查；

（3）构件材料强度抽样检测；

（4）构件倾斜状况抽样检测；

（5）结构安全性鉴定；

（6）根据检测鉴定结果，提出工程处理建议。

3. 建筑平面图测绘

各层建筑平面测绘图见下图。

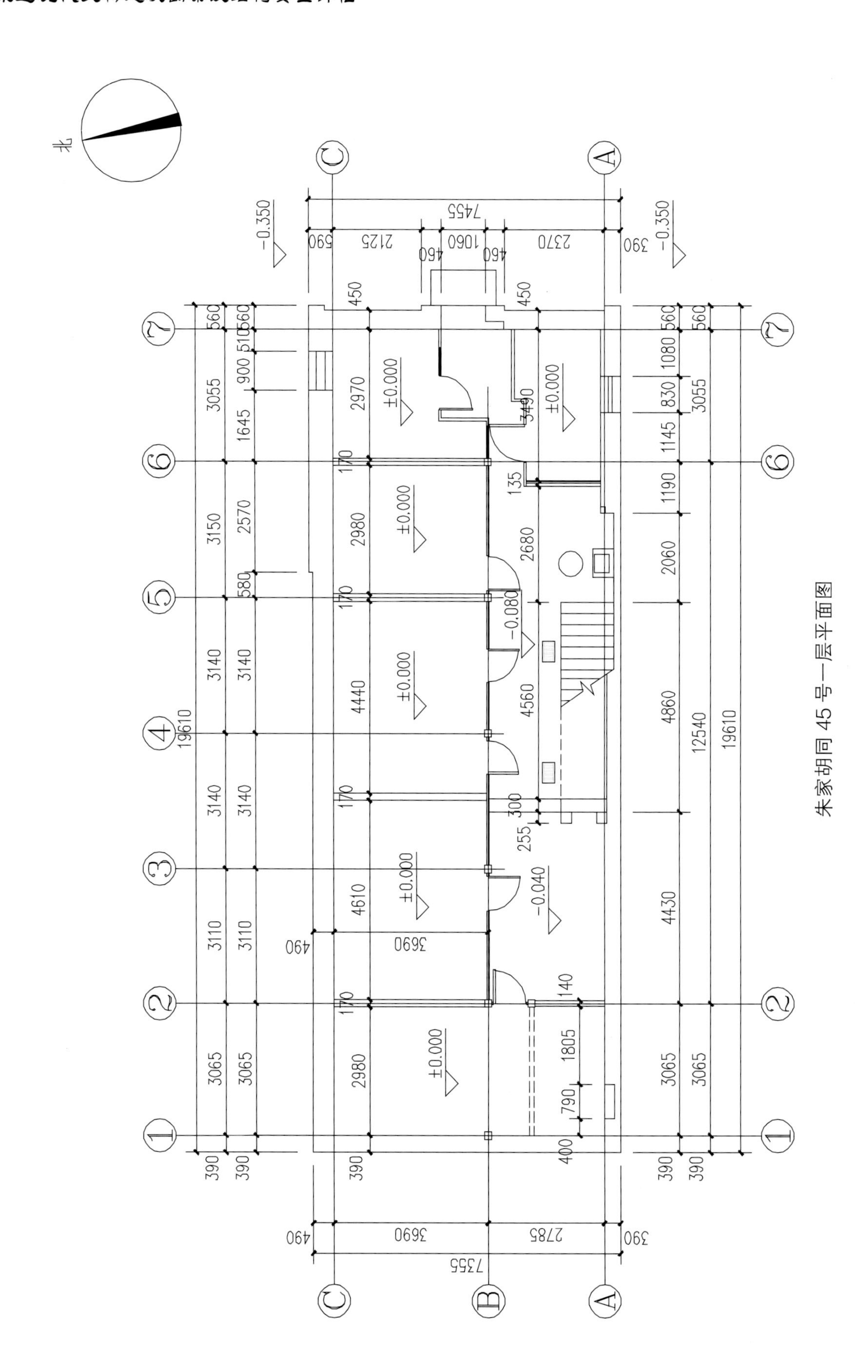

朱家胡同 45 号一层平面图

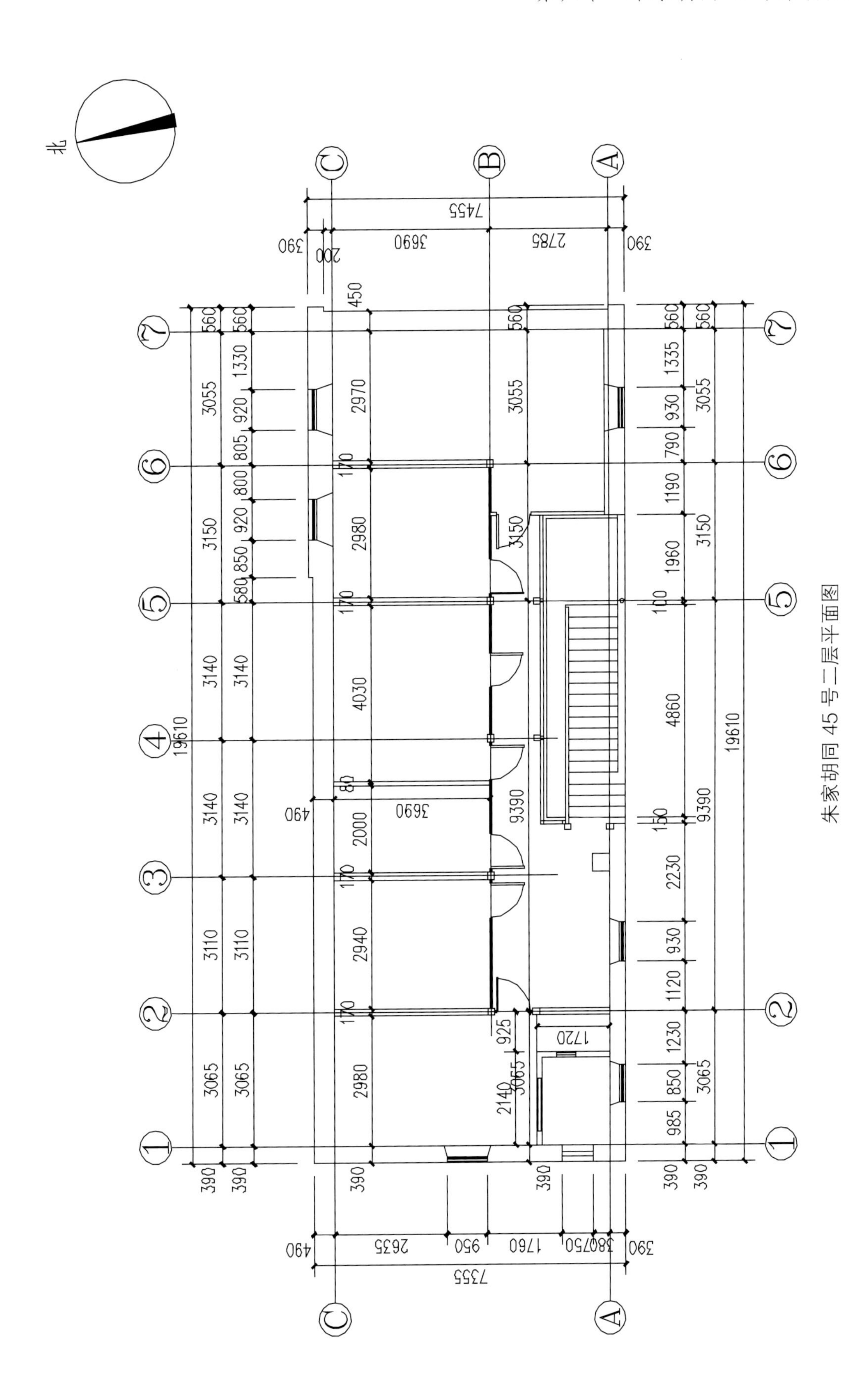

朱家胡同 45 号二层平面图

4. 结构体系检查，外观质量检查

4.1 结构体系检查

经检查，结构形式为砖木结构，木屋架，坡屋面，平面呈“凹形”。地上两层，一层层高为 3.5 米，檐高 6.9 米。北侧及东西两侧的山墙为砖砌体墙，外墙厚度为 390 毫米～590 毫米，其中北侧外墙厚度不均，局部有贴建，墙体厚度在贴建房屋处变薄 100 毫米。室内由木柱承重，二层有悬挑走廊。一层顶板为木格栅木楼板，上铺水泥地面；二层顶为木屋架，瓦屋面。

4.2 外观质量检查

根据现场情况对该楼具备检查条件的构件进行了检查、检测，主要检查结论如下：

（1）经检查，未发现地基基础存在影响结构安全和使用的不均匀沉降现象。

（2）经检查，北侧山墙厚度不均，外侧有相邻后加贴建房屋，墙体厚度在贴建房屋处变薄 100 毫米，见下图。

北侧上墙厚度不均

北侧山墙厚度不均

（3）经检查，二层墙体存在多条竖向裂缝，其中二层 3–4–C 墙体存在竖向开裂，W_{max}=1.5 毫米；二层 4–5–C 墙体存在竖向开裂，W_{max}=1.5 毫米；二层 5–6–C 墙体存在竖向开裂，内外通裂，W_{max}=5.0 毫米；二层 7–B–C 墙体存在竖向开裂，W_{max}=0.5 毫米。裂缝照片见下图。

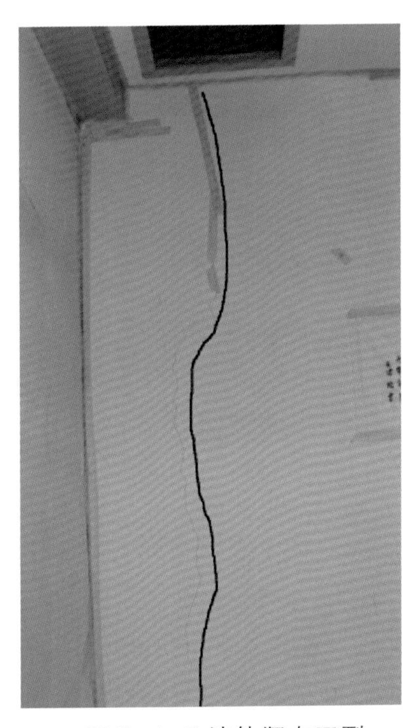

二层 3–4–C 墙体竖向开裂

二层 4-5-C 墙体竖向开裂

二层 5-6-C 墙体竖向开裂

二层 7-B-C 墙体竖向开裂

（4）经检查，2 根木柱柱底存在明显糟朽，见下图。

二层 3-A 柱柱底糟朽

一层 5-B 柱柱底糟朽

（5）经检查，木构架内部分檩、梁构件存在开裂，个别构件开裂严重，见下图。

1-2 轴南中金檩开裂

1–2 轴北中金檩严重开裂

2 轴三架梁水平严重开裂

2-3 轴南中金檩严重开裂

2-3 轴北中金檩开裂

3-4 轴南中金檩开裂

4-5 轴南中金檩开裂

4-5 轴北中金檩严重开裂

5 轴三架梁水平严重开裂

6 轴三架梁水平严重开裂

6-7 轴脊檩严重开裂

6-7 轴北中金檩开裂

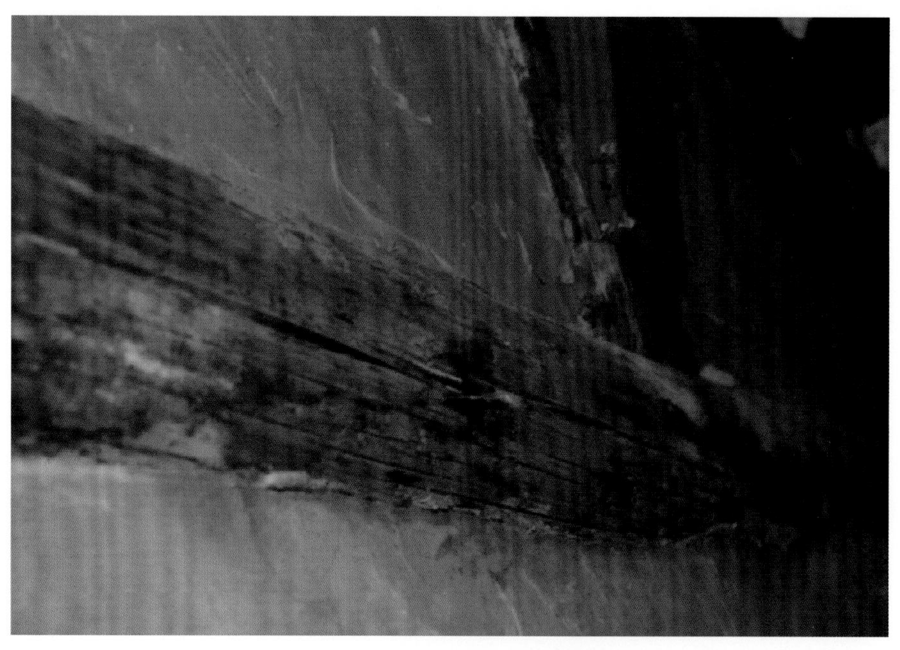

7 轴三架梁水平开裂及渗漏痕迹

（6）二层屋顶局部存在渗漏迹象，见下图。

5-6-C 墙体屋顶处渗漏

6-7-C 墙体屋顶处渗漏

主要缺陷统计表

序号	缺陷类型	轴线位置	缺陷描述
1	墙体变薄	5 轴西侧	墙体厚度在贴建房屋处变薄 100 毫米
2	墙体开裂	二层 3–4–C	墙体存在竖向开裂，W_{max}=1.5 毫米
3	墙体开裂	二层 4–5–C	墙体存在竖向开裂，W_{max}=1.5 毫米
4	墙体开裂	二层 5–6–C	墙体存在竖向开裂，内外通裂，W_{max}=5.0 毫米
5	墙体开裂	二层 7–B–C	墙体存在竖向开裂，W_{max}=0.5 毫米
6	柱底糟朽	二层 3–A 柱	柱底明显糟朽
7	柱底糟朽	一层 5–B 柱	柱底明显糟朽
8	木梁架开裂	屋架 1–2 轴	南中金檩开裂
9	木梁架开裂	屋架 1–2 轴	北中金檩严重开裂
10	木梁架开裂	屋架 2 轴	三架梁水平严重开裂
11	木梁架开裂	屋架 2–3 轴	南中金檩严重开裂
12	木梁架开裂	屋架 2–3 轴	北中金檩开裂
13	木梁架开裂	屋架 3–4 轴	南中金檩开裂
14	木梁架开裂	屋架 4–5 轴	南中金檩开裂
15	木梁架开裂	屋架 4–5 轴	北中金檩严重开裂
16	木梁架开裂	屋架 5 轴	三架梁水平严重开裂
17	木梁架开裂	屋架 6 轴	三架梁水平严重开裂
18	木梁架开裂	屋架 6–7 轴	脊檩严重开裂
19	木梁架开裂	屋架 6–7 轴	北中金檩开裂
20	木梁架开裂	屋架 7 轴	三架梁水平开裂及渗漏痕迹
21	屋顶渗漏	二层 5–6–C 轴	墙体屋顶处渗漏
22	屋顶渗漏	二层 6–7–C	墙体屋顶处渗漏

5. 砖、砂浆强度检测

采用回弹法检测墙体烧结普通砖强度，将该结构烧结普通砖分别按批进行评定，根据 GB50315—2011，一至二层砖强度等级推定为 <MU7.5。统计结果见下表。

墙砖强度回弹检测表

层数	平均值（兆帕）	标准差（兆帕）	变异系数	最小值（兆帕）	推定等级
1～2 层	3.7	1.41	0.38	2.2	<MU7.5

采用贯入法检测该结构墙体砌筑砂浆强度，根据 JGJ136—2017，一至二层墙体砌

筑砂浆实测强度推定结果为0.6兆帕。具体结果见下表。

墙体砌筑砂浆强度检测表

检验批	轴线编号	砂浆测区强度值（兆帕）	推定结果（兆帕）
一层	5-6-C	1.0	平均值：0.8 最小值*1.33：0.6
	1-B-C	1.1	
	4-5-C	1.0	
二层	2-3-C	1.1	
	4-5-C	0.4	
	5-6-C	0.5	

6. 木柱倾斜检测

现场测量部分木柱的倾斜程度，测量结果见下表。

依据《近现代历史建筑结构安全性评估导则》WW/T 0048—2014第7.4.2.2条规定，木柱构件变形限值为H/180（测量高度为2000毫米时，允许值为11毫米）。

根据测量结果，所抽检二层部分木柱的倾斜程度均不符合规范限值要求。

砌体墙倾斜检测表

序号	轴线位置	倾斜方向	测斜高度（米）	偏差值（毫米）	规范限值（毫米）	结论
1	一层2-B轴柱	东	2	10	11	符合
2	一层3-B轴柱	东	2	10	11	符合
3	同上	北	2	5	11	符合
4	一层4-B轴柱	东	2	3	11	符合
5	同上	北	2	5	11	符合
6	一层5-B轴柱	南	2	5	11	符合
7	一层6-B轴柱	西	2	5	11	符合
8	同上	南	2	5	11	符合
9	二层2-B轴柱	西	2	3	11	符合
10	同上	南	2	10	11	符合
11	二层3-B轴柱	东	2	3	11	符合
12	同上	南	2	25	11	不符合
13	二层4-B轴柱	西	2	10	11	符合

续表

序号	轴线位置	倾斜方向	测斜高度（米）	偏差值（毫米）	规范限值（毫米）	结论
14	同上	南	2	20	11	不符合
15	二层 5-B 轴柱	南	2	15	11	不符合
16	二层 6-B 轴柱	东	2	5	11	符合
17	同上	南	2	15	11	不符合

7. 地基基础雷达探查

采用地质雷达对结构地基基础进行探查。雷达天线频率为 300 兆赫，全部结构的雷达扫描路线示意图、本结构详细测试结果见下图。

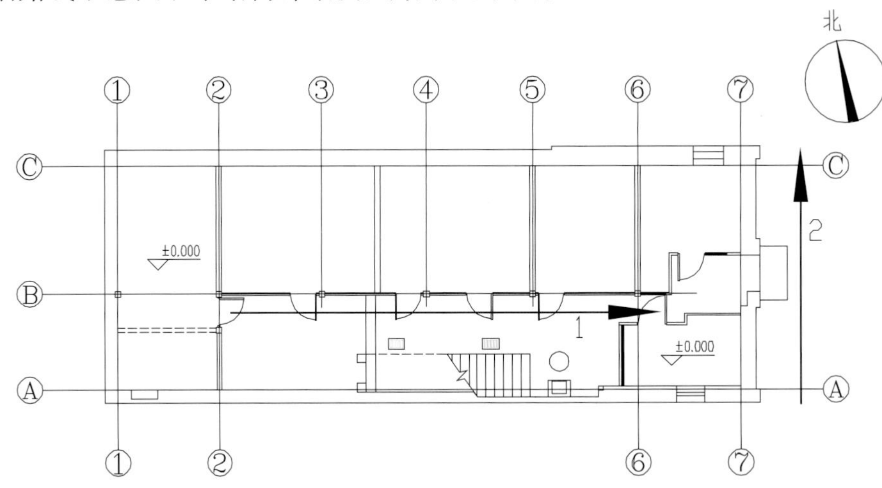

雷达扫描路线示意图

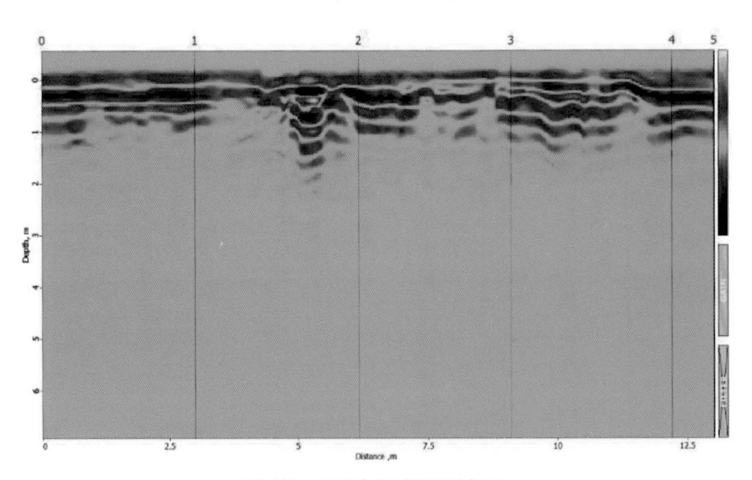

路线 1 雷达扫描测试图

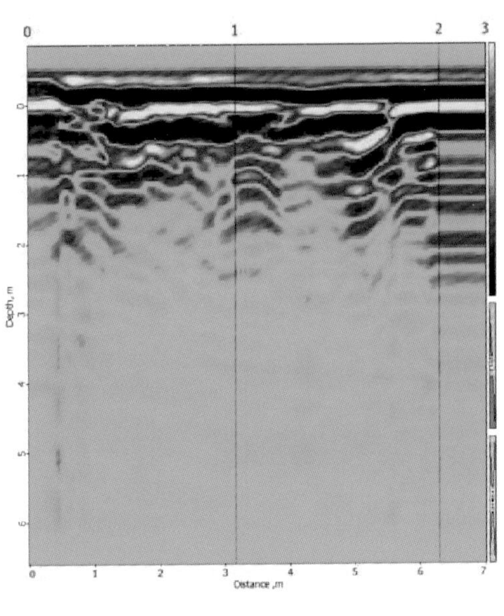

路线 2 雷达扫描测试图

由上图路线 1 可见，室内地面雷达反射波各层同相轴基本平直连续，局部存在管线，地面下方未发现存在明显空洞等缺陷。

由上图路线 2 可见，室内地面雷达反射波各层同相轴相对比较杂乱，表明下方土层介质不够均匀，但地面下方未发现存在明显空洞等缺陷。

由于地面无法开挖与雷达图像进行比对，解释结果仅作为参考。

8. 结构振动测试

现场使用 941B 型超低频测振仪、Dasp 数据采集分析软件对结构进行振动测试，测振仪放置在二层 5 轴三架梁上，主要测试结果见下表和下图。

结构振动测试表

方向	峰值频率（赫兹）	阻尼比
东西向	7.42	/
南北向	5.37	/

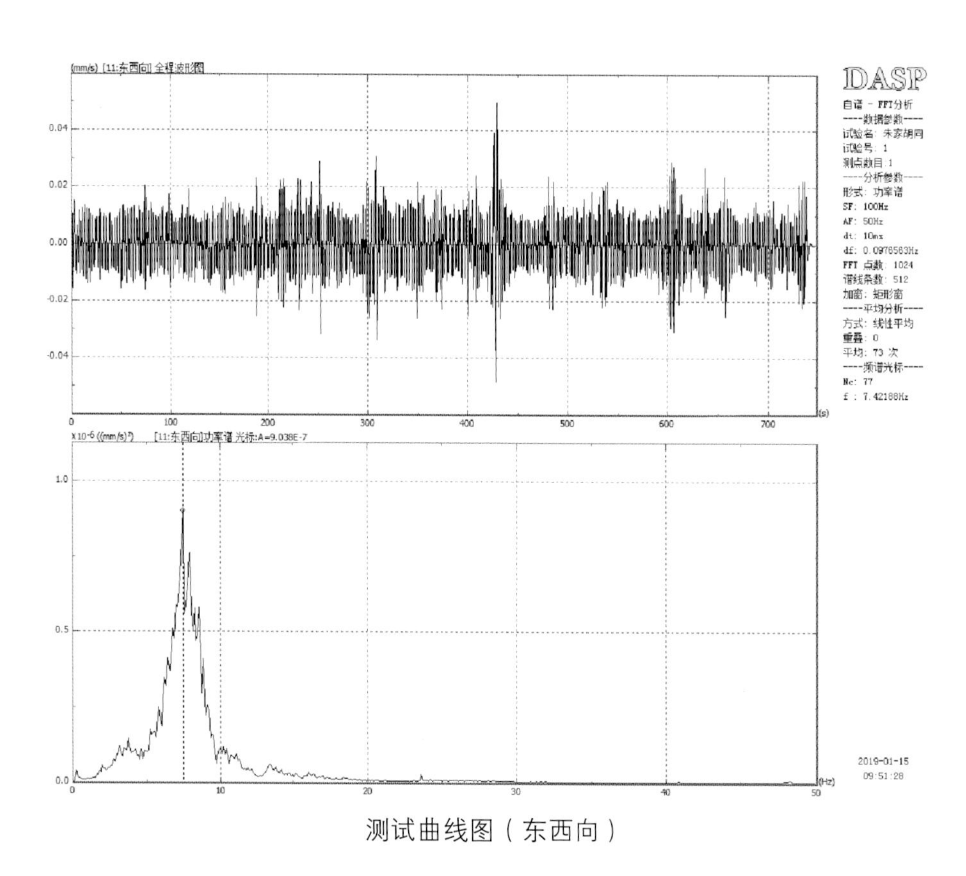

测试曲线图（东西向）

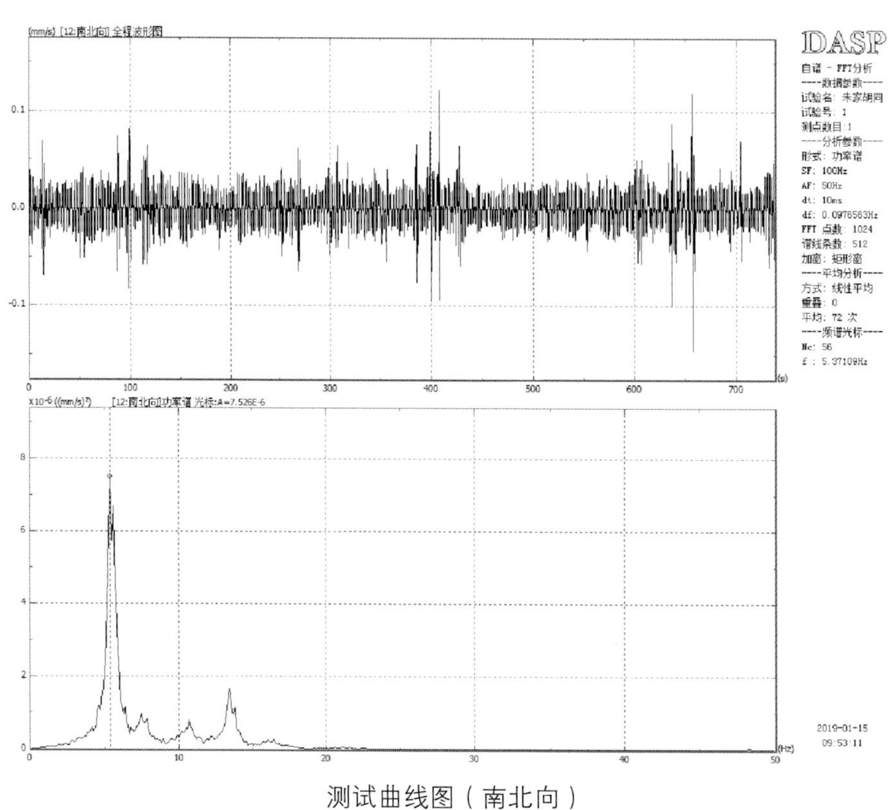

测试曲线图（南北向）

9. 木构件含水率检测

现场对该房屋具备检查条件的木构件进行了含水率检测及外观质量检查，木构件含水率检测数据结果见下表。勘察结果如下：

（1）一层到二层各木构件含水率在 1.3%～5.3% 之间，不存在含水率测定数值非常异常的木构件，其中一层 B–2、B–5 柱及二层 A–3 柱通过锤子敲击立柱发现轻微空响，因此对这三根立柱进行了进一步检测。

（2）对一层木构件 B–2、B–5 柱进行了强度检测，发现 B–2 柱根部有轻微腐朽现象，B–5 柱根部腐朽严重；对二层木构件 A–3 柱进行了强度检测，发现该柱根部有明显腐朽现象。

木构件含水率检测数据表

序号	楼层	木构件编号	木构件含水率（0.3 米）
1	一层	B–1	5.3%
2		B–2	1.9%
3		B–3	3.3%
4		B–4	2.9%
5		B–5	2.7%
6		B–6	2.7%
7	二层	A–3	2.1%
8		B–4	1.3%
9		C–5	2.9%
10		C–6	2.0%
11		D–2	1.9%
12		D–3	1.8%
13		D–5	2.6%
14		D–6	2.6%
15		D–7	1.6%

10. 结构安全性评估

10.1 评估方法和原则

根据《近现代历史建筑结构安全性评估导则》（WW/T 0048—2014），近现代历史建筑的结构安全性评估应分成地基基础、上部结构（包括围护结构）两个组成部分分别进行评估，每个组成部分应按规定分一级评估、二级评估两级进行。

10.2 结构安全性等级评估

地基基础构件安全性评估

经检查，未发现地基基础存在影响上部结构安全的不均匀沉降裂缝和明显变形，经雷达勘察，未发现地基存在空洞等缺陷，因此，地基基础部分的安全性评为 a 级。

上部结构构件安全性评估

（1）砌体构件的一级评估

砌体结构的检测勘察应包括砌体的外观质量、材料强度、变形、裂缝、构造等 5 个项目，任一项目不满足一级评估，则应进行二级评估。

1）外观质量

砌体墙砌筑质量较差，墙体内侧使用了较多的碎砖，其承重的有效面积存在明显削弱，本项不满足一级评估。

2）材料强度

经检测，砖强度等级推定为 <MU7.5，不满足规范 MU10 的要求；砌筑砂浆抗压强度推定值为 0.4 兆帕，不满足规范 M1.5 的要求，本项不满足一级评估。

3）变形

经检测，砌体墙未发现存在明显变形，本项满足一级评估。

4）裂缝

经检测，多处砌体墙存在明显裂缝，本项不满足一级评估。

5）构造

经检测，本结构墙的高厚比符合国家现行设计规范的要求；连接及砌筑方式基本正确，主要构造基本符合国家现行设计规范要求，仅有局部的表面缺陷，工作无异常。

本项满足一级评估。

（2）木构件的一级评估

木结构的检测勘察应包括木构件的外观质量、变形、裂缝、构造等 4 个项目，任一项目不满足一级评估，则应进行二级评估。

1）外观质量

经检测，3 根木柱柱根出现明显腐朽，其有效面积受损率大于 7.5%，本项不满足一级评估。

2）木结构构件变形

经检测，二层存在 4 根木柱变形超过规范限值，本项不满足一级评估。

3）木结构构件的斜裂缝

经检测，4 根木梁存在斜裂缝限值超过规范 12% 的要求，本项不满足一级评估。

4）木结构构件的构造

经检查，本结构节点连接方式基本正确，主要构造基本符合国家现行设计规范的要求，本项满足一级评估。

（3）砌体构件的二级评估

依据现行《近现代历史建筑结构安全性评估导则》WW/T 0048—2014，对砌体部分结构承载力进行验算。材料强度、结构平面布置、荷载取值、计算参数等依据检测结果及现行规范。

1）计算模型及参数确定

依据现场检测结果，采用 PKPM 软件（PKPM2010 版，编制单位：中国建筑科学研究院 PKPM CAD 工程部），建立结构计算模型，主要参数如下：

①砖强度等级：MU2.5；砂浆强度：0.8 兆帕。

②楼屋面荷载按实际情况进行取值，具体取值见下表。

楼屋面荷载标准值取值表

类别	建筑用途	标准值
恒载	楼面面层	2.0 千牛 / 平方米
	屋面面层	4.5 千牛 / 平方米
活载	楼面	2.0 千牛 / 平方米
	非上人屋面	0.5 千牛 / 平方米

续表

类别	建筑用途	标准值
风荷载	地面粗糙度类别：C 类，基本风压：0.45 千牛 / 平方米	

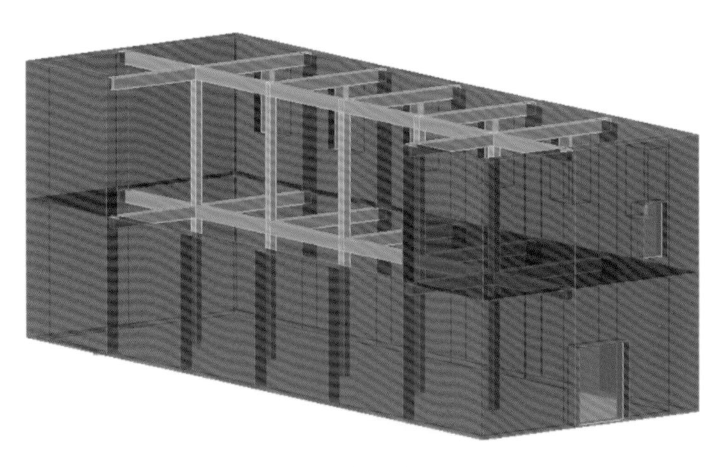

结构计算模型

2）砌体承重墙承载力计算结果

砌体墙受压验算结果见下图，砌体墙受压承载力均满足标准要求。

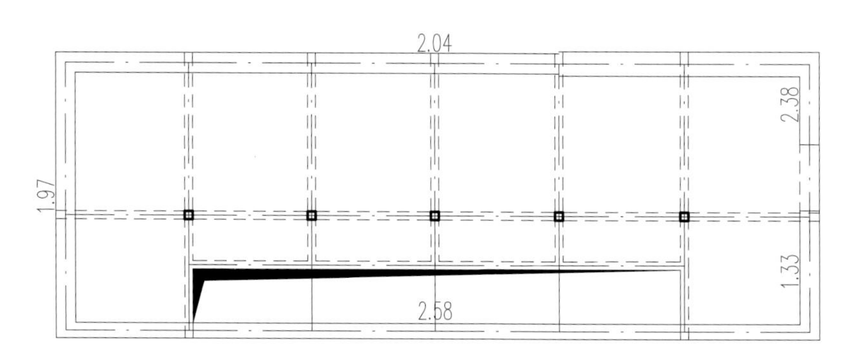

一层墙受压承载力计算图

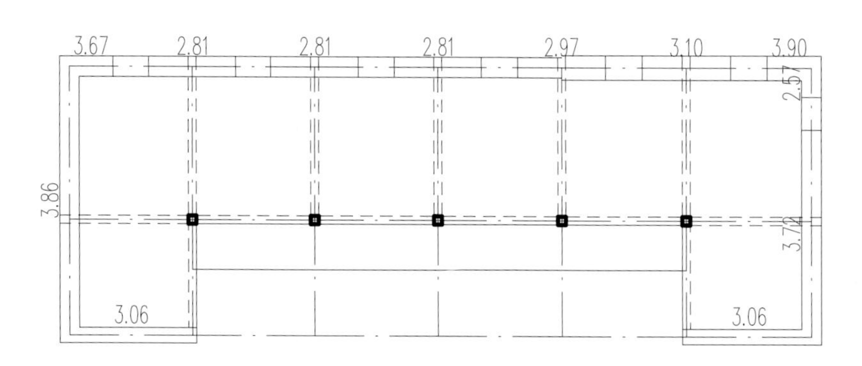

二层墙受压承载力计算图

（4）上部结构安全性综合评估

综上，根据规范 WW/T 0048—2014 第 8.4 节，上部结构砌体构件安全性等级评定为 a 级；木构件安全性等级评定为 c 级。

建筑整体安全性等级评估

综合地基基础与上部结构的安全性评级，根据《近现代历史建筑结构安全性评估导则》WW/T 0048—2014 第 8.4 节，评定该房屋的安全性等级为 C 级，整体安全性显著不满足要求，少数构件需要采取措施。

11. 结构抗震鉴定

根据《房屋结构综合安全性鉴定标准》（DB11/637—2015），对现使用功能下的结构抗震能力进行鉴定，给出鉴定单元抗震能力的综合鉴定评级。

11.1 地基基础抗震能力鉴定

本房屋建筑所在场地为建筑抗震一般地段，根据《房屋结构综合安全性鉴定标准》（DB11/637—2015）第 5.4.5 条，地基基础抗震能力等级评为 A_e 级。

11.2 上部结构抗震能力鉴定

抗震措施鉴定

根据《建筑抗震鉴定标准》（GB 50023—2009）对该结构的抗震构造措施进行鉴定。本结构建于清代，按后续使用年限 30 年考虑，确定本建筑为 A 类建筑；根据国家标准《建筑抗震设防分类标准》确定本建筑抗震设防类别为丙类；本地区设防烈度为 8 度，按照 8 度的要求检查其抗震措施。检查结果如下表所示。

结构不满足要求或超出规范限值的主要项目如下：

（1）墙体存在竖向裂缝，不满足标准要求。

（2）木屋架构件存在严重开裂，不满足标准要求。

（3）抗震横墙最大间距超限，不满足标准要求。

（4）砖强度等级及砂浆强度等级过低，不满足标准要求。

（5）各层均未设置圈梁，不满足标准要求。

房屋抗震构造措施检查表

基本信息			
墙体（材料）类别	烧结黏土实心砖	墙体厚度（毫米）	390毫米～590毫米
（一）一般规定			
外观质量	墙体空臌、严重酥碱和明显闪歪		□有　■无
	支承大梁、屋架的墙体存在竖向裂缝，承重墙、自承重墙及其交接部位存在明显裂缝		■有　□无
	木楼、屋盖构件明显变形、腐朽、蚁蛀和严重开裂		■有　□无
	混凝土梁柱及其节点开裂或局部剥落，钢筋露筋、锈蚀		/
	主体结构混凝土构件明显变形、倾斜和歪扭		/
（二）上部主体结构			
2.1 结构体系			

项目	结果	8度标准限值
横墙数量	□一般 □较少 ■很少	横墙较少：开间 >4.2 米房间占本层总面积 40% 以上 横墙很少：开间 ≤ 4.2 米房间占本层总面积 20% 以下，且开间 >4.8 米房间占本层总面积 50% 以上
房屋高度是否超限	□超限 ■未超限	普通砖 ≥ 240 毫米：19 米
房屋层数是否超限	□超限 ■未超限	普通砖 ≥ 240 毫米：六层
层高是否超限	□超限 ■未超限	普通砖和 240 毫米厚多孔砖房屋层高不宜超过 4 米
房屋实际高宽比是否超限（房屋宽度不包括外走廊宽度）	□超限 ■未超限	高宽比不宜大于 2.2
抗震横墙最大间距是否超限值	■超限 □未超限	现浇或装配整体式楼盖：砖实心墙 15 米 装配式混凝土屋盖：砖实心墙 11 米 木、砖拱：砖实心墙 7 米
墙体布置规则性	■满足 □不满足	质量刚度沿高度分布较规则均匀，楼层的质心和计算刚心基本重合或接近
跨度不小于 6 米的大梁是否由独立砖柱承重	■满足 □不满足	跨度不小于 6 米的大梁，不宜由独立砖柱承重
楼、屋盖是否适宜	■满足 □不满足	教学楼、医疗用房等横墙较少、跨度较大的房间，宜为现浇或装配整体式楼、屋盖

续表

2.2 承重墙体材料的实际强度等级			
砖、砌块及砌筑砂浆强度等级		砖强度等级：MU2.5 砖强度等级：砂 0.8 兆帕	
砖强度等级不宜低于 MU7.5，且不低于砌筑砂浆强度等级		□满足	■不满足
墙体的砌筑砂浆强度等级不应低于 M1；砌块墙体不应低于 M2.5		□满足	■不满足
构造柱、圈梁实际达到的混凝土强度等级不宜低于 C15		/	
3. 整体性连接构造			
3.1 纵横墙交接处连接			
墙体平面内布置应闭合		□满足	■不满足
纵横墙连接处墙体内无烟道、通风道等竖向孔道		■满足	□不满足
4. 圈梁			
屋盖外墙	均应有	□满足	■不满足
屋盖内墙	纵横墙上圈梁的水平间距分别不应大于 8 米和 12 米	□满足	■不满足
楼盖外墙	横墙间距大于 8 米时每层应有，横墙间距不大于 8 米层数超过三层时，应隔层有层	□满足	■不满足
楼盖内墙	同外墙，且圈梁的水平间距不应大于 12 米	□满足	■不满足
5. 局部易倒塌部位			
承重门窗间墙最小宽度不宜小于 1.0 米		■满足	□不满足
承重外墙尽端至门窗洞边最小距离不宜小于 1.0 米		■满足	□不满足

抗震宏观控制

本结构主体为地上二层砌木结构，房屋层数、整体性连接构造基本符合现行国家标准《建筑抗震鉴定标准》（GB50023—2009）的要求，地基基础与上部结构相适应，房屋构件实际材料强度不符合《建筑抗震鉴定标准》（GB50023—2009）的要求。根据《房屋结构综合安全性鉴定标准》（DB11/637—2015）第 6.4.6 条，本结构的抗震宏观控制等级评为 C_{e2}。

抗震承载力

根据《房屋结构综合安全性鉴定标准》（DB11/637—2015）第 6.4.3 条，综合抗震承载力按楼层综合抗震能力指数进行评价。各楼层综合抗震能力指数计算统计结果见下表，各楼层的墙段抗震能力指数计算结果见下图。

根据《房屋结构综合安全性鉴定标准》(DB11/637—2015)第6.4.3条、第6.4.4条，上部结构的综合抗震承载力评级为D_{e1}级。

楼层综合抗震能力指数计算表

方向	层号	ξ_{0i}	λ	β_i	Ψ_1	Ψ_2	综合抗震能力指数β_{ci}
东西向	一层	0.0386	1.5	2.38	1.0	1.0	2.38
南北向	一层	0.0386	1.5	0.73	1.0	1.0	0.73
东西向	二层	0.0395	1.5	1.80	1.0	1.0	1.80
南北向	二层	0.0395	1.5	1.13	1.0	1.0	1.13

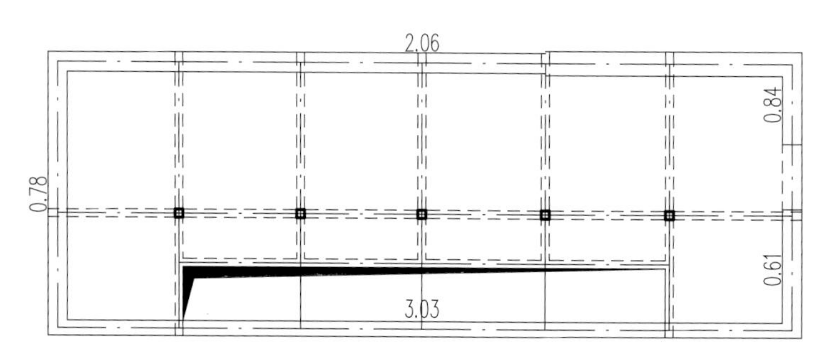

一层砌体墙抗震能力指数计算结果

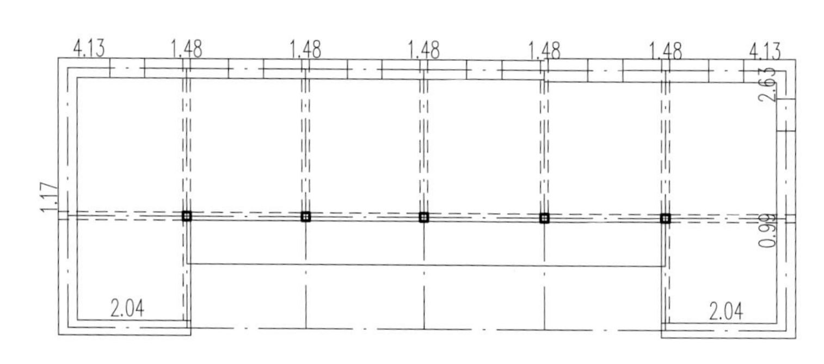

二层砌体墙抗震能力指数计算结果

11.3 鉴定单元抗震能力评级

综合地基基础与上部结构的抗震能力评级，根据《房屋结构综合安全性鉴定标准》(DB11/637—2015)第3.5节，评定该房屋的抗震能力等级为D_{se}级，抗震能力严重不符合现行国家标准《建筑抗震鉴定标准》(GB50023—2009)和《房屋结构综合安全性鉴定标准》(DB11/637—2015)的抗震能力要求，严重影响整体抗震性能。

12. 工程处理建议

（1）建议对墙体裂缝进行修复加固处理，并对抗震承载力不足的一层横墙进行加固处理。

（2）建议对柱脚糟朽的木柱进行修复加固处理，可采取木料墩接并加设铁箍的加固方式。

（3）建议对开裂程度相对较大的梁檩等木构件进行修复加固处理，可采用嵌补的方法进行修整，再用铁箍箍紧。

（4）建议对渗漏处屋面进行修复处理。

（5）建议对二层倾斜超限的木柱进行修复加固处理。

（6）经检查，本结构北侧山墙二层外侧有相邻后加贴建房屋，贴建房屋在建造时和使用时都有可能对墙体施加外力影响，这部分外力可能会导致墙体受损。建议将贴建房屋与北侧山墙之间留出一定的距离；为防止贴建房屋屋顶排出的雨水对墙体与基础产生不利影响，建议增设排水设施。

后　记

从此检测项目开始，许立华所长、韩扬老师、关建光老师、黎冬青老师给与了大量的支持和建议，李卫伟、居敬泽、杜德杰、陈勇平、姜玲、胡睿、王丹艺、单杰、李哲文、房瑞、刘通等同志，在开展勘察、测绘、摄影、资料搜集、检测、树种鉴定等方面做了大量工作。在此致以诚挚的感谢。

本书虽已付梓，但仍感有诸多不足之处。对于北京近代建筑文物本体及其预防性保护研究仍然需要长期细致认真的工作，我们将继续努力研究探索。至此再次感谢为本书出版给予帮助、支持的每一位领导、同事、朋友，感谢每一位读者，并期待大家的批评和建议。

张　涛

2020 年 8 月 11 日